21世纪高等学校规划教材

SHUKONG BIANCHENG YU JIAGONG JISHU

数控编程与加工技术

主　编　曾国民　黄勇刚

副主编　梁志坚　何　苗　梅丽荣

编　写　胡凤娇　董　燕　姜　毅

主　审　徐九南

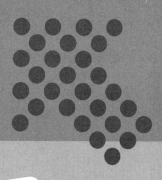

中国电力出版社

http://jc.cepp.com.cn

内 容 提 要

本书为 21 世纪高等学校规划教材。

本书根据高职高专教育专业培养目标及规格的要求，立足高职学生实际，遵循"理论知识够用为度"的原则，本书共分 9 章，介绍了数控技术概述、数控加工过程和工艺规程，数控加工编程基础、数控车床的编程与加工、数控铣床编程、加工中心编程、数控线切割机床的编程与加工、电火花机床的编程与加工和自动编程技术。本书注重与实际相结合，通俗易懂，由浅入深，并力求全面、系统和重点突出，具有较强的针对性和实用性。

本书可作为高职高专院校数控技术专业、模具设计与制造专业、机械制造与自动化专业、计算机辅助设计与制造专业的教材，也可供从事数控加工技术工作的相关工程技术人员参考，还可作为职业技能鉴定的培训教材。

图书在版编目（CIP）数据

数控编程与加工技术/曾国民，黄勇刚主编. —北京：中国电力出版社，2009

21 世纪高等学校规划教材

ISBN 978 - 7 - 5083 - 8162 - 6

Ⅰ. 数… Ⅱ. ①曾… ②黄… Ⅲ. ①数控机床－程序设计－高等学校－教材②数控机床－加工－高等学校－教材 Ⅳ. TG659

中国版本图书馆 CIP 数据核字（2009）第 001148 号

中国电力出版社出版、发行

（北京三里河路 6 号　　100044　http://jc. cepp. com. cn）

北京市铁成印刷厂印刷

各地新华书店经售

*

2009 年 2 月第一版　2009 年 2 月北京第一次印刷

787 毫米×1092 毫米　16 开本　11.5 印张　279 千字

定价 18.40 元

敬 告 读 者

本书封面贴有防伪标签，加热后中心图案消失

本书如有印装质量问题，我社发行部负责退换

前　言

　　数控技术是一种集机械、电气、光学、计算机及测量技术等为一体的知识密集型技术，它是制造业实现现代化、柔性化、集成化生产的基础，同时也是提高产品质量，提高生产效率必不可少的物质手段。数控技术的广泛应用给传统制造业的生产方式、产品结构、产业结构带来深刻的变化，也给传统的机械、机电专业的人才带来新的机遇和挑战。

　　数控技术在机械制造业的广泛应用，已成为国民经济发展的强大动力。专家们预言"21世纪机械制造业是竞争的时代，其实质是数控技术的竞争"。

　　随着教育改革的不断深入，高等职业教育迅速发展，进入到一个新的历史阶段。本书根据高职高专教育专业培养目标及规格的要求，结合教育部"高职高专教育机电类专业人才培养规格和课程体系改革与建设的研究与实践"课题的研究成果，并结合编者多年来在数控编程与数控技术应用领域的教学和生产实践的丰富经验编写而成。

　　本书的主要内容包括：数控技术概述，数控编程基础知识，数控加工工艺规程，数控车床的编程与加工，数控铣床的编程与加工，加工中心的编程与加工，数控线切割机床编程与加工，电火花机床的编程与加工，CAD/CAM自动编程系统简介等。

　　本书在内容的选择上，根据高等职业教育教学要求，立足高职学生实际，遵循"理论知识够用为度"的原则，突出实用性、综合性、先进性；在编写方式上，以"讲清概念，强调应用"为目的，通俗易懂，由浅入深，并力求全面、系统和重点突出。

　　全书共9章，其中第1章、第9章由江西赣江职业技术学院曾国民编写，第2章由江西赣江职业技术学院胡凤娇编写，第3章由江西赣江职业技术学院何苗编写，第4章由江西赣江职业技术学院姜毅编写，第5章由江西赣江职业技术学院梅丽荣编写，第6章由江西城市学院黄勇刚编写，第7章由江西赣江职业技术学院董燕编写，第8章由江西旅游商贸职业学院梁志坚编写。全书由江西赣江职业技术学院曾国民统稿，江西赣江职业技术学院徐九南教授主审。

　　本书可作为高职高专院校数控技术专业、模具设计与制造专业、机电一体化专业、计算机辅助设计与制造专业的教材，也可供从事数控加工技术工作的相关工程技术人员参考，或作为职业技能鉴定的培训教材。

　　由于编者的能力和水平有限，书中难免有不足或错误之处，恳请广大读者批评指正。

编　者

2008年12月

目　　录

第 1 章　数 控 技 术 概 述

本章要点

➤数控的概念
➤数控机床的概念与组成
➤数控机床的分类
➤数控机床的发展趋势
➤数控技术在先进制造技术中的作用

1.1　概　　述

1.1.1　什么是数控机床

数控即数字控制，是指用数字信号形成的控制程序对一台或一台以上机械设备的运动及其加工过程进行控制的一种自动化技术，简称 NC（Numerical Control）。

数控机床，简单地说，就是采用了数控技术的机床或者说装备了数控系统的机床。即将机床的各种动作、工件的形状、尺寸以及机床的其他功能用一些数字代码表示，把这些数字代码通过信息载体输入给数控系统，数控系统经过译码、运算以及处理，发出相应的动作指令，自动地控制机床的刀具与工件的相对运动，从而加工出所需要工件。

实际上，数控机床就是一种具有数控系统的自动化机床，所以说数控机床是最典型的机电一体化产品。

1.1.2　数控技术的产生与发展

科学技术和社会生产的不断发展，对机械产品的质量和生产率提出了越来越高的要求。机械加工工艺过程的自动化是实现上述要求的最重要措施之一，它不仅能够提高产品的质量，提高生产效率，降低生产成本，还能够大大改善工人的劳动条件。许多生产企业（例如汽车、拖拉机、家用电器等制造厂）已经采用了自动机床、组合机床和专用自动生产线。采用这种高度自动化和高效率的设备，尽管需要很大的初始投资以及较长的生产准备时间，但在大批量的生产条件下，由于分摊在每一个工件上的费用很少，经济效益仍然是非常显著的。

但是，在机械制造工业中并不是所有的产品零件都需要进行大批量生产，单件与小批生产的零件（批量在 10～100 件）约占机械加工总量的 80% 以上。尤其是在造船、航天、航空、机床、重型机械以及国防部门，其生产特点是加工批量小、改型频繁、零件的形状复杂而且精度要求高，采用专用化程度很高的自动化机床加工这类零件就显得很不合适。因为生产过程中需要经常改装与调整设备，对于专用生产线来说，这种改装与调整是不可能实现的。

为了解决这些问题，满足多品种、小批量的自动化生产，迫切需要一种灵活的、通用的，能够适应产品频繁变化的柔性自动化机床，数控机床就是在这样的背景下产生与发展起来的。它极其有效地解决了上述一系列矛盾，为单件、小批量生产的精密复杂零件提供了自动化加工手段。

随着电子技术的发展，1946 年世界上第一台电子计算机问世，由此掀开了自动化技术的新篇章。1948 年美国北密支安的一个小型飞机工业承包商帕森斯公司（Parsons Co.）在制造飞机的框架及直升机的转动机翼时，提出了采用电子计算机对加工轨迹进行控制和数据处理的设想，后来得到美国空军的支持，并与美国麻省理工学院（MIT）合作，于 1952 年研制出第一台三坐标数控铣床，用于加工直升机叶片轮廓的检查样板。这是一台采用专用计算机进行运算与控制的直线插补轮廓控制数控铣床，专用计算机采用的是电子管元件，逻辑运算与控制采用硬件连接的电路，是公认的世界上第一台数控机床。

1955 年，该类机床进入实用化阶段，在复杂曲面的加工中发挥了重要作用。这时数控机床的控制系统（专用电子计算机）采用的是电子管，其体积庞大，功耗高，仅在一些军事部门中承担加工普通机床难以加工的形状复杂零件的任务。这是第一代数控系统。

1959 年晶体管出现，电子计算机应用晶体管元件和印刷电路板，从而使机床数控系统跨入了第二代。

1965 年，数控装置开始采用小规模集成电路，使数控装置的体积减小、功耗降低及可靠性提高，但仍然是硬件逻辑数控系统。数控系统发展到第三代。

以上三代，都属于硬件逻辑数控系统（称为 NC）。由于点位控制的数控系统比轮廓控制的数控系统要简单得多，在该阶段，点位控制的数控机床得到大发展，有资料统计到 1966 年，实际使用的 6000 台数控机床中，85％是点位控制的数控机床。

1970 年，美国芝加哥国际机床展览会首次展出用小型计算机控制的数控机床，这是世界上第一台计算机数字控制（CNC）的数控机床。数控系统进入第四代。

20 世纪 70 年代初，微处理机出现，美、日、德等国都迅速推出了以微处理机为核心的数控系统，这样组成的数控系统，称为第五代数控系统（MNC）。

在近 20 多年内，在生产中实际使用的数控系统大多为第五代数控系统，其性能和可靠性随着技术的发展得到了根本性的提高。

从 20 世纪 90 年代开始，微电子技术和计算机技术的发展突飞猛进，PC 微机的发展尤为突出，无论是系统软硬件还是外围器件进展日新月异，计算机采用的芯片集成化程度越来越高，功能越来越强，而成本却越来越低，原来在大、中型机上才能实现的功能现在在微型机上就可以实现。在美国首先推出了基于 PC 微机的数控系统，即 PCNC 系统，它被划入了所谓的第六代数控系统。

目前，世界主要工业发达国家的数控机床已进入批量生产阶段，如美国、日本、德国、法国等，其中日本发展最快。1977 年时，日本年产数控机床 5400 多台，到 1985 年，日本年产数控机床约为 50 000 台，数控化率约为 70％，居世界第一位。

我国从 1958 年开始研制数控机床，并试制成功第一台电子管数控机床，如图 1.1 所示。

1965 年开始研制晶体管数控系统，直到 20 世纪 60 年代末至 70 年代初才研制成功。曾研究出数控劈锥铣床、非圆插齿机、数控立铣床，以及数控车床、数控镗床、数控磨床、加工中心等。这一时期国产数控系统的稳定性、可靠性尚未得到很好的解决，因而也限制了国产数控机床的发展。而数控线切割机床由于其结构简单，价格低廉，使用方便，得到了较快的发展。据资料统计，1973—1979 年期间，我国共生产数控机床 4108 台，其中数控线切割机床占 86％左右。

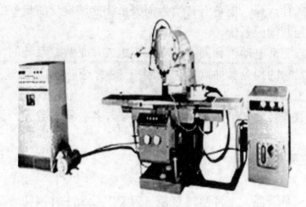

图 1.1 我国第一台数控机床

20 世纪 80 年代初随着改革开放政策的实施，我国从国外引进技术。在引进、消化、吸收国外先进技术的基础上，进行了大量的开发工作，进而推动了我国数控机床新的发展高潮，使我国数控机床在品种上、性能上以及水平上均有了新的飞跃。2005 年，我国机床市场消费额达 109 亿美元，位居世界第一。

我国 2004 年的统计数据如下：
- 数控机床厂家：100
- 数控系统厂家：50
- 数控机床配套厂家：300
- 年产量：14 053 台
- 数控机床品种：1 300
- 产量数控化率：8％（1995 年为 3.6％）

总的来说，我国数控机床总量供给能力不凡，产品品种无重要缺门空白，数控机床进入成熟期。但与先进国家相比尚有 20～40 年的差距，机床数控化率＜10％，数控机床应用水平较低。在现有数控机床中，还有待于进一步提高其利用率。随着我国加入 WTO，日益成为世界制造业中心，各行各业对数控机床的需要将会很大，数控机床也必然在国家建设中发挥更大的作用。

1.1.3 数控机床的组成及特点

数控机床主要由程序介质、数控装置、伺服系统、机床本体 4 部分组成，如图 1.2 所示。

其中，程序介质用于记载机床加工零件的全部信息，如零件加工的工艺过程、工艺参数、位移数据、切削速度等。常用的有磁带、磁盘等。也有一些数控机床采用操作面板上的按钮和键盘将加工程序直接输入或通

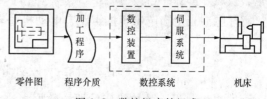

零件图　程序介质　数控系统　机床

图 1.2 数控机床的组成

过串行口将计算机上编写的加工程序输入到数控系统。在 CAD/CAM 集成系统中，其加工程序可不需任何载体直接输入到数控系统。

数控装置是控制机床运动的中枢系统，它的基本任务是接收程序介质送来的信息，按照规定的控制算法进行插补运算，把它们转换为伺服系统能够接受的指令信号，然后将结果由输出装置送到各坐标控制伺服系统。

伺服系统是由伺服驱动电动机和伺服驱动装置组成，是数控系统的执行部件。它的基本作用是接收数控装置发来的指令脉冲信号，控制机床执行机构的进给速度、方向和位移量，以完成零件的自动加工。

通常数控系统由数控装置和伺服系统两部分组成，各公司的数控产品也是将两者作为一体的。

1.1.4 数控机床的主要技术参数

1. 主要规格尺寸

数控车床主要有床身上最大工件回转直径、刀架上最大工件回转直径、加工最大工件长度、最大车削直径等规格尺寸；数控铣床主要有工作台面尺寸、工作台 T 形槽、工作行程等规格尺寸。

2. 主轴系统

数控机床主轴采用直流或交流电动机驱动，具有较宽调速范围和较高回转精度，主轴本身刚度与抗振性比较好。现在数控机床主轴普遍达到 5000～10 000r/min，甚至更高的转速，对提高加工质量和各种小孔加工极为有利；主轴可以通过操作面板上的转速倍率开关直接改变转速；在加工端面时主轴具有恒定切削速度（恒线速单位：mm/min）。

3. 进给系统

有进给速度范围、快进（空行程）速度范围、运动分辨率（最小移动增量）、定位精度和螺距范围等主要技术参数。

（1）进给速度。是影响加工质量、生产效率和刀具寿命的主要因素，直接受到数控装置运算速度、机床动特性和工艺系统刚度限制。其中，最大进给速度为加工的最大速度，最大快进速度为不加工时移动的最快速度。进给速度可通过操作面板上的进给倍率开关调整。

（2）脉冲当量（分辨率）。指两个相邻分散细节之间可以分辨的最小间隔，是重要的精度指标。其有两个方面的内容：一是机床坐标轴可达到的控制精度（可以控制的最小位移增量），表示数控装置每发出一个脉冲时坐标轴移动的距离，称为实际脉冲当量或外部脉冲当量；二是内部运算的最小单位，称之为内部脉冲当量，一般内部脉冲当量比实际脉冲当量设置得要小，为的是在运算过程中不损失精度，数控系统在输出位移量之前，自动将内部脉冲当量转换成外部脉冲当量。

实际脉冲当量决定于丝杠螺距、电动机每转脉冲数及机械传动链的传动比，其计算公式为

$$实际脉冲当量 = 传动比 \times \frac{丝杠螺距}{电动机每转脉冲数}$$

脉冲当量是设计数控机床的原始数据之一，其数值的大小决定数控机床的加工精度和加工表面质量。目前普通数控机床的脉冲当量一般采用 0.001mm，精密或超精密数控机

床的脉冲当量采用 0.000 1mm。脉冲当量越小，数控机床的加工精度和加工表面质量越高。

（3）定位精度和重复定位精度。定位精度是指数控机床工作台等移动部件在确定的终点所达到的实际位置的精度。因此移动部件实际位置与理想位置之间的误差称为定位误差。定位误差包括伺服系统、检测系统、进给系统等误差，还包括移动部件导轨的几何误差等。定位误差将直接影响零件加工的位置精度。

重复定位精度是指在同一台数控机床上，应用相同程序、相同代码加工一批零件，所得到的连续结果的一致程度。重复定位精度受伺服系统特性、进给系统的间隙与刚性以及摩擦特性等因素的影响。一般情况下，重复定位精度是成正态分布的偶然性误差，它影响一批零件加工的一致性，是一项非常重要的性能指标。对于中小型数控机床，定位精度普遍可达 ±0.01mm，重复定位精度为± 0.005mm。

4. 刀具系统

数控车床包括刀架工位数、工具孔直径、刀杆尺寸、换刀时间、重复定位精度各项内容。加工中心刀库容量与换刀时间直接影响其生产率，通常中小型加工中心的刀库容量为16～60 把，大型加工中心可达 100 把以上。

换刀时间是指自动换刀系统将主轴上的刀具与刀库刀具进行交换所需要的时间。

1.1.5 数控装置的主要功能

（1）控制轴数与联动轴数。控制轴数说明数控系统最多可以控制多少坐标轴，其中包括移动轴和回转轴。基本坐标轴是 X、Y、Z 轴，当多于 3 个轴时，往往是 X、Y、Z 的平行辅助轴或回转轴。

联动轴数是指数控系统按加工要求控制同时运动的坐标轴数，目前有两轴联动、三轴联动、四轴联动、五轴联动等。三轴联动数控机床可以加工空间复杂曲面；四轴联动、五轴联动数控机床可以加工宇航叶轮、螺旋桨等零件。

如某数控机床具有 X、Y、Z 三个坐标轴运动方向，而数控系统只能同时控制两个坐标（XY、YZ 或 XZ）方向的运动，则该机床的控制轴数为三轴，而联动轴数为两轴。

（2）插补功能。指数控机床能够实现的线型能力。插补功能除了直线、圆弧插补外，许多数控系统增加了螺旋线插补、极坐标插补、圆柱面插补、抛物线插补、指数函数插补、渐开线插补、样条插补、假想轴插补以及曲面直接插补等功能。机床插补功能越强，说明能够加工的轮廓种类越多。

（3）进给功能。包括快速进给（空行程）、切削进给、手动连续进给、点动进给、进给率修调（倍率开关）、自动加减速等功能。

（4）主轴功能。可实现恒转速、恒线速、定向停止及转速修调（倍率开关）。

恒线速即主轴自动变速，使刀具对工件切削点的线速度保持不变。

主轴定向停止即换刀、精镗后退刀前，主轴在其轴向准确定位。

（5）刀具功能。指刀具的自动选择和自动换刀。

（6）刀具补偿。包括刀具位置补偿、半径补偿和长度补偿功能。

半径补偿如车刀的刀尖半径、铣刀半径的补偿；长度补偿如铣床、加工中心沿加工深度方向对刀具长度变化的补偿。

（7）机械误差补偿。指系统可自动补偿机械传动部件因间隙产生的误差。

（8）操作功能。数控机床通常有单程序段的执行和跳段执行、试运行、图形模拟、机械锁住、暂停和急停等功能，有的还有软键操作功能。

（9）程序管理功能。指对加工程序的检索、编制、修改、插入、删除、更名、锁住、在线编辑即后台编辑（在执行自动加工的同时进行编辑）以及程序的存储通信等。

（10）图形显示功能。利用监视器（CRT）进行二维或三维、单色或彩色、图形可缩放、坐标可旋转的刀具轨迹动态显示。

（11）辅助编程功能。如固定循环、镜像、图形缩放、子程序、宏程序、坐标旋转、极坐标等功能，可减少手工编程的工作量和难度，尤为适合三维复杂零件和大工作量零件。

（12）自诊断报警功能。指数控系统对其软、硬件故障的自我诊断能力，该功能用于监视整个加工过程是否正常，并及时报警。

（13）通信与通信协议。数控系统都配有 RS232C 或 DNC 接口，为进行高速传输设有缓冲区。高档数控系统还可与 MAP 相连，能够适应 FMS、CIMS 的要求。

1.2 数控机床的分类

数控机床种类很多，规格不一，人们从不同的角度对其进行了分类。

1.2.1 按机械运动轨迹分类

数控机床按其刀具与工件相对运动的方式，可以分为点位控制、直线控制和轮廓控制。

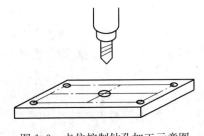

图 1.3 点位控制钻孔加工示意图

1. 点位控制数控机床

这类数控机床的特点是要求保证点与点之间的准确定位。它只控制行程的终点坐标值，而不管从一个孔到另一个孔是按照什么轨迹运动，在刀具运动过程中，不进行切削加工，如图 1.3 所示。

此类数控机床有数控钻床、数控镗床、数控冲床、三坐标测量机、印刷电路板钻床等。

2. 直线控制数控机床

这类数控机床的特点是不仅要控制行程的终点坐标值，还要保证在两点之间机床的刀具走的是一条直线，而且在走直线的过程中往往要进行切削，如图 1.4 所示。

此类数控机床有数控车床、数控铣床、数控磨床、数控镗床和加工中心等。

现代组合机床采用数控技术，驱动各种动力头、多轴箱轴向进给钻、镗、铣等加工，也算是一种直线控制数控机床。直线控制也称为单轴数控。

3. 轮廓控制的数控机床

这类数控机床的特点是不仅要控制行程的终点坐标值，还要保证两点之间的轨迹要按一定的曲线进行。即这种系统必须能够对两个或两个以上坐标方向的同时运动进行严格的连续控制，如图 1.5 所示。

现代数控机床绝大部分都具有两坐标或两坐标以上联动、刀具半径补偿、刀具长度补偿、机床轴向运动误差补偿、丝杠螺距误差补偿、齿侧间隙误差补偿等一系列功能。

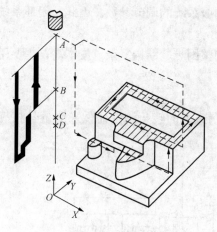

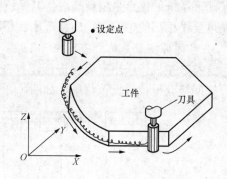

图1.4　直线控制切削加工示意图　　　　图1.5　轮廓控制切削加工

1.2.2　按伺服系统的类型分类

1. 开环伺服系统数控机床

这类机床没有来自位置传感器的反馈信号，数控系统将零件程序处理后，输出数字指令信号给伺服系统，驱动机床运动。采用步进电动机的伺服系统就是一个开环系统，如图1.6所示。

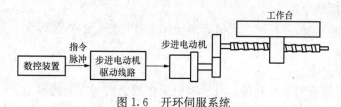

图1.6　开环伺服系统

这类机床的优点是结构简单，较为经济，维护维修方便。但是速度及精度低，适于精度要求不高的中小型机床，多用于对旧机床的数控化改造。

2. 闭环伺服系统数控机床

这类机床上装有位置检测装置，直接对工作台的位移量进行测量。数控装置发出进给信号后，经伺服驱动使工作台移动；位置检测装置检测出工作台的实际位移，并反馈到输入端，与指令信号进行比较，驱使工作台向其差值减小的方向运动，直到差值等于零为止。如图1.7所示。

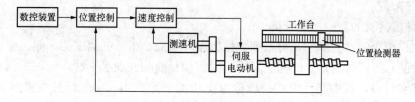

图1.7　闭环伺服系统

这类数控机床可以消除由于传动部件制造中存在的精度误差给工件加工带来的影响，从而达到很高的精度。但是由于很多机械传动环节包括在闭环控制的环路内，各部件的摩擦特性、刚性以及间隙等都是非线性量，直接影响到伺服系统的调节参数。因此，闭环系统的设计和调整都非常困难。

闭环系统的优点是精度高，但其系统设计和调整困难、结构复杂、成本高，主要用于一些精度要求很高的镗铣床、超精车床、超精铣床等。

3. 半闭环伺服系统数控机床

这类数控机床采用安装在进给丝杠或电动机端头上的转角测量元件来测量丝杠旋转角度，来间接获得位置反馈信息，如图 1.8 所示。

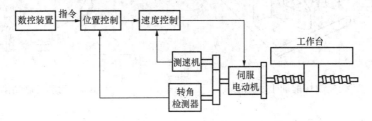

图 1.8　半闭环伺服系统

这种系统的闭环环路内不包括丝扛、螺母副及工作台，因此可以获得稳定的控制特性；而且由于采用了高分辨率的测量元件，可以获得比较满意的精度及速度。大多数数控机床采用半闭环伺服系统。

1.2.3　按控制坐标数分类

控制轴数目和联动轴数目决定了机床所能加工零件形状的复杂程度，按机床的控制轴数目分类如下：

1. 两坐标轴数控机床

两坐标数控机床有两个控制轴，可控制机床作两个坐标方向的移动。这两个坐标轴可以是联动的，如加工平面直线或曲线轮廓零件的数控铣床、数控线切割机、加工轴类零件的数控车床等。也可以是不联动的，如各类点位控制的钻床。

2. 三坐标数控机床

三坐标数控机床有三个控制轴，根据它不同的控制方式可有两类形式：一类在 X、Y、Z 三个移动坐标中可控制任意两个坐标联动，常称为 2.5 轴；另一类是可实现三坐标联动，用于加工空间直线或螺旋线轮廓件。

3. 多坐标数控机床

可以控制四个以上坐标轴，结构复杂、精度要求高、程序编制复杂，主要应用于加工形状复杂的零件。

1.2.4　按数控装置的功能水平分类

按照数控装置的功能水平，可以把数控机床分为低、中、高档三类，低、中、高三档的界限是相对的，不同时期划分的标准有所不同。就目前的发展水平看，可以根据表 1.1 的一些功能指标来划分，其中高、中档一般称为全功能或标准型。在我国还有经济型数控的提法，经济型数控属于低档数控，是指由单板机、单片机和步进电动机组成的数控系统和其他功能简单、价格低的数控系统，主要用于数控车床、线切割机床以及旧机床的数控化改造等。随着生产技术水平的提高和制造业的发展，经济型数控机床已经没有什么经济价值，逐步被市场淘汰。

表 1.1　　　　　　　　　　　　　不同档次数控功能及指标

功　能	低　档	中　档	高　档
系统分辨率（μm）	10	1	0.1
进给速度（m/min）	8～15	15～24	24～100
伺服进给类型	开环及步进电动机系统	半闭环及直、交流伺服	闭环及直、交流伺服
联动轴数	2～3 轴	2～4 轴	5 轴或 5 轴以上
通信功能	无	RS-323C 或 DNC	RS-323C、DNC、MAP
显示功能	数码管显示	CRT、图形、人机对话	CRT、三维图形、自诊断
内装 PLC	无	有	强功能内装 PLC
主 CPU	8 位	16 位、32 位	32 位、64 位

1.2.5　按加工方式分类

（1）金属切削类数控机床：如数控车床、加工中心、数控钻床、数控磨床、数控铣床、齿轮加工机床等。

（2）金属成型类数控机床：如数控折弯机、数控弯管机、数控回转头压力机等。

（3）数控特种加工机床：如数控线切割机床、数控电火花加工机床、数控激光切割机等。

（4）其他类型的数控机床：如火焰切割机、数控三坐标测量机等。

1.3　数控机床的特点和应用范围

1.3.1　数控机床的特点

1. 加工精度高

数控机床是精密机械和自动化技术的综合，是集机械、电气、光学、计算机及测量技术等为一体的精密加工设备，机床的数控装置可以对机床运动中产生的位移、热变形等导致的误差通过测量系统进行有效补偿，具有较高的和稳定的加工精度。另外，由于数控机床是受数字信息指令控制，并且自动进行加工，所以减少了操作人员因技术水平的高低差别而产生的人为误差，提高了同批零件加工尺寸的一致性，使加工质量稳定，产品合格率提高。

2. 适应性强

数控机床灵活、通用，适应性强，可加工不同形状的工件，当加工对象的尺寸或形状发生变化时，只需对程序进行修改或重新编制即可。

3. 生产效率高

由于数控机床自动化程度高，并且综合应用了现代科学生产技术成果，与普通机床相比可提高生产效率 3～5 倍。对于复杂成形面的加工，生产效率可提高十倍，甚至几十倍。同时，数控机床能完成多种加工，如钻、铣、攻、镗等加工，粗、精加工也可利用一次装夹完成，节约了大量的生产辅助时间。对于新零件的加工很大部分工作是针对零件进行数控程序编制，并且编程工作不需占用数控机床时间，还可以利用 CAD/CAM 软件进行自动编程，大大缩短了生产准备时间。因此，十分有利于企业产品的升级换代和新产品的开发。

4. 减轻劳动强度

操作数控机床要依靠操作者更多的智力劳动，在机床工作中特别是大批量加工中，机床是自动加工，一般操作者只需要做装夹及测量等工作，降低了操作者的劳动强度，操作者甚至可以一人同时操作多台数控机床。

5. 改善劳动条件

操作数控机床，大多数时间是操作控制键盘、观察机床加工过程中机床的运行状态，数控机床大多具有全封闭防护罩，不会有水、油和切屑溅出，可以保持工作环境的整洁，劳动条件得到改善。

6. 有利于生产管理

在数控机床上加工零件，能准确地计算加工工时和费用，工序高度集中，节省工装夹具，减少了中间检验环节和半成品的管理环节，有利于实施现代化的生产管理模式。

数控机床使用数字信息与标准代码处理、传递信息，易于建立与计算机间的通信联系，从而形成由计算机控制与管理的产品研发、设计、制造、管理及销售一体化系统。

1.3.2 数控机床的应用范围

数控机床是一种高度自动化的机床，有一般机床所不具备的许多优点，所以数控机床的应用范围在不断扩大，但数控机床的技术含量高、成本高，使用维护都有一定难度，若从经济角度考虑，数控机床适用于加工：

(1) 多品种小批量零件（合理生产批量为 10～100 件之间）。

(2) 结构较复杂，精度要求较高或必须用数学方法确定的复杂曲线、曲面等零件。

(3) 需要频繁改型的零件。

(4) 钻、镗、铰、攻螺纹及铣削等工序联合的零件，如箱体、壳体等。

(5) 价格昂贵，不允许报废的零件。

1.4 数控机床的发展趋势与作用

1.4.1 数控机床的发展趋势

随着计算机、微电子、信息、自动控制、精密检测及机械制造技术的高速发展，机床数控技术也得到了长足进步。近几年一些相关技术的发展，如刀具及新材料的发展，主轴伺服和进给伺服、超高速切削等技术的发展，以及对机械产品质量的要求愈来愈高等，加速了数控机床的发展。目前数控机床正朝着高速度、高精度、高工序集中度、高复合化和高可靠性等方向发展。世界数控技术及其装备发展趋势主要体现在以下几个方面。

1. 高速、高精、高效化

高生产率。由于数控装置及伺服系统功能的改进，其主轴转速和进给速度大大提高，减少了切削时间和非切削时间。加工中心的进给速度已达到 $80～120m/min$，进给加速度达 $1g～2g$，换刀时间小于 1s。

高加工精度。以前汽车零件精度的数量级通常为 $10\mu m$，对精密零件要求为 $1\mu m$，随着精密产品的出现，对精度要求提到 $0.1\mu m$，有些零件甚至已达到 $0.01\mu m$，高精密零件要求提高机床加工精度，包括采用温度补偿。

对于微机电的加工，其尺寸大小一般在 1mm 以下，表面粗糙度为纳米数量级，要求数控系统能直接控制纳米机床。

2. 柔性化

包括两个方面的柔性：一是数控系统本身的柔性，数控系统采用模块化设计，功能覆盖面大，便于不同用户的需求；二是 DNC 系统的柔性，同一 DNC 系统能够依据不同生产流程的要求，使物料流和信息流自动进行动态调整，从而最大限度地发挥 DNC 系统的效能。

3. 工艺复合化和多轴化

数控机床的工艺复合化，是指工件在一台机床上装夹后，通过自动换刀、旋转主轴头或旋转工作台等各种措施，完成多工序、多表面的复合加工。已经出现了集钻、镗、铣功能于一身的数控机床，可完成钻、镗、铣、扩孔、铰孔、攻螺丝等工序的数控加工中心，以及车削加工中心，钻削、磨削加工中心，电火花加工中心等。数控技术的进步提供了多轴和多轴联动控制功能，如 FANUC 15 系统的可控轴数和联动轴数均达到 24 轴。

4. 实时智能化

早期的实时系统通常针对相对简单的理想环境，其作用是如何调度任务，以确保任务在规定期限内完成。而人工智能，则试图用计算模型实现人类的各种智能行为。科学发展到今天，实时系统与人工智能相互结合，人工智能正向着具有实时响应的更加复杂的应用发展，由此产生了实时智能控制这一新的领域。在数控技术领域，实时智能控制的研究和应用正沿着几个主要分支发展：自适应控制、模糊控制、神经网络控制、专家控制、学习控制、前馈控制等。例如，在数控系统中配置编程专家系统、故障诊断专家系统、参数自动设定和刀具自动管理及补偿等自适应调节系统；在高速加工时的综合运动控制中引入提前预测和预算功能、动态前馈功能；在压力、温度、位置、速度控制等方面采用模糊控制，使数控系统的控制性能大大提高，从而达到最佳控制的目的。

5. 结构新型化

一种完全不同于原来数控机床结构的新型数控机床，近年被开发成功。这种被称为"6条腿"的加工中心或虚拟轴机床（有的称并联机床），在没有任何导轨和滑台，采用能够伸缩的"6条腿"（伺服轴）支撑并联，并与安装主轴头的上平台和安装工件的下平台相连。它可实现多坐标联动加工，其控制系统结构复杂，加工精度、加工效率较普通加工中心高 2～10 倍。这种数控机床的出现将给数控机床技术带来重大变革和创新。

6. 编程技术自动化

随着数控加工技术的迅速发展，设备类型的增多，零件品种的增加以及形状的日益复杂，迫切需要速度快、精度高的编程技术，以便于直观检查。为弥补手工编程和 NC 语言编程的不足，近年来开发出多种自动编程系统，如图形交互式编程系统、数字化自动编程系统、会话式自动编程系统、语音数控编程系统等，其中图形交互式编程系统的应用尤为广泛。图形交互式编程系统是以计算机辅助设计（CAD）软件为基础，首先形成零件的图形文件，然后再调用数控编程模块，自动编制加工程序，同时可动态显示刀具的加工轨迹。其特点是速度快、精度高、直观性好、使用简便，已成为国内外先进的 CAD/CAM 软件所采用的数控编程方法。目前常用的图形交互式软件有 MasterCAM、Cimatron、Pro/E、UG、CAXA、SolidWorks、CATIA 等。

7. 集成化

数控系统采用高度集成化芯片，可提高数控系统的集成度和软硬件运行速度。应用 FPD 平板显示技术可提高显示器性能，平板显示器具有科技含量高、重量轻、体积小、功耗低、便于携带等优点，可实现超大规模显示，成为与 CRT 抗衡的新兴显示技术，是 21 世纪显示技术主流。应用先进封装和互连技术，将半导体和表面安装技术融为一体。通过提高集成电路密度，减小互连长度和数量来降低产品价格，改进性能，减小组件尺寸，提高系统的可靠性。

8. 开放式闭环控制模式

采用通用计算机组成总线式、模块化、开放、嵌入式体系结构，便于裁减、扩展和升级，可组成不同档次、不同类型、不同集成程度的数控系统。闭环控制模式是针对传统的数控系统仅有的专用型封闭式开环控制模式提出的。由于制造过程是一个有多变量控制和加工工艺综合作用的复杂过程，包括诸如加工尺寸、形状、振动、噪声、温度和热变形等各种变化因素。因此，要实现加工过程的多目标优化，必须采用多变量的闭环控制，在实时加工过程中动态调整加工过程变量。在加工过程中采用开放式通用型实时动态全闭环控制模式，易于将计算机实时智能技术、多媒体技术、网络技术、CAD/CAM、伺服控制、自适应控制、动态数据管理及动态刀具补偿、动态仿真等高新技术融于一体，构成严密的制造过程闭环控制体系，从而实现集成化、智能化、网络化。

1.4.2 数控机床在先进制造技术中的作用

自从 20 世纪中期，人们将计算机技术引用到控制机床加工飞机机翼样板的复杂曲线中以来，数控技术在机床控制方面取得了广泛、深入的发展，开始是数控铣床，接着是数控车床、数控钻床、数控镗床、数控磨床、数控线切割机床，以后是加工中心、车削中心、数控冲床、数控弯管机、数控折弯机、板材加工中心、数控齿轮机床、数控激光加工机床、数控火焰切割机等等。这些都成为现代制造业的关键设备，是它们保证了现代制造业向高精度、高速度、高效率、高柔性化方向的发展。

由于数控机床的出现，带动了 CAD、CAM 技术向实用化、工程化发展，特别是计算机技术的迅速发展，推动 CAD、CAM 技术向更高层次和更高水平发展，而且进一步发展了计算机辅助工艺设计（CAPP）数据库、集成制造生产系统相关信息的自动生成、自动处理、自动传输。可以说数控技术既是联系 CAD、CAM 的纽带，也是进一步通向集成化 CAD/CAM 的桥梁。

20 世纪末，由于微电子技术的飞快发展，使数控系统的性能有了极大的提高、功能不断丰富、满足了数控机床自动交换刀具、自动交换工件（包括交换工作台，工作台立、卧式转换等）的需要（Flexible Manufacturing Module，FMM，柔性制造模块）；而且还进一步满足了在数控机床之间，增加自动输送工件的托盘站（APC）或机器人传输工件，构成柔性制造单元（Flexible Manufacturing Cell，FMC）的需要；以及实现了由多台的数控机床（含加工中心、车削中心）传送带、自动导行小车（Automated Guide Vehicle，AGV）、工业机器人（Robot）以及专用的起吊运送机等组成的柔性制造系统 FMS 的控制。此外，还有由加工中心、CNC 机床、专用机床或数控专用机床组成的柔性制造线（Flexible Manu-

facturing Line，FML)；或多条 FMS 配备自动化立体仓库连接起来的柔性制造工厂（Flexible Manufacturing Factory，FMF)。

随着信息技术、网络技术、自动化技术的发展，在数控技术（机械制造业中则体现在数控机床上）的基础上，将以往企业中相互独立的工程设计、生产制造及经营管理等过程，在计算机及其软件的支撑下，构成一个覆盖整个企业的完整而有机的、以实现全局动态最优化、总体高效益、高柔性，进而赢得竞争全胜的计算机集成制造系统（Computer Integrated Manufacturing System，CIMS)。

思 考 题 与 习 题

1-1　何谓数控？何谓数控机床？

1-2　数控机床由哪几部分组成？各组成部分的主要作用是什么？

1-3　数控机床按运动轨迹的特点可分为几类？它们的特点是什么？

1-4　什么是开环、闭环、半闭环数控机床？它们之间有什么区别？

1-5　解释下列名词术语：脉冲当量、定位精度、重复定位精度。

1-6　数控机床有哪些特点？

1-7　数控技术的主要发展方向是什么？

1-8　请查阅资料了解数控技术最近有哪些新发展。

第2章　数控加工过程和工艺规程

本章要点

➢掌握机械加工过程的定义

➢明确工艺规程的概念

➢掌握零件图的分析

➢工序内容的设计

➢数控机床的加工特点

2.1 基 本 概 念

制订机械加工工艺是机械制造企业工艺技术人员的一项主要工作内容。机械加工工艺规程的制订与生产实际有着密切的联系，它要求工艺规程制订者具有一定的生产实践知识和专业基础知识。

在实际生产中，由于零件的结构形状、几何精度、技术条件和生产数量等要求不同，一个零件往往要经过一定的加工过程才能将其由图样变成成品零件。因此，机械加工工艺人员必须从工厂现有的生产条件和零件的生产数量出发，根据零件的具体要求，在保证加工质量、提高生产效率和降低生产成本的前提下，对零件上的各加工表面选择适宜的加工方法，合理地安排加工顺序，科学地拟定加工工艺过程，才能获得合格的机械零件。下面是在确定零件加工过程时应掌握的一些基本概念。

2.1.1　生产过程与工艺过程

1. 生产过程和工艺过程的概念

机械产品的生产过程是指将原材料转变为成品的所有劳动过程。这里所指的成品可以是一台机器、一个部件，也可以是某种零件。对于机器制造而言，生产过程包括：

（1）原材料、半成品和成品的运输和保存；

（2）生产和技术准备工作，如产品的开发和设计、工艺及工艺装备的设计与制造、各种生产资料的准备以及生产组织；

（3）毛坯制造和处理；

（4）零件的机械加工、热处理及其他表面处理；

（5）部件或产品的装配、检验、调试、油漆和包装等。

由上可知，机械产品的生产过程是相当复杂的，它通过的整个路线称为工艺路线。

工艺过程是指改变生产对象的形状、尺寸、相对位置和性质等，使其成为半成品或成品的过程。它是生产过程的一部分。工艺过程可分为毛坯制造、机械加工、热处理和装配等工艺过程。

机械加工工艺过程是指用机械加工的方法直接改变毛坯的形状、尺寸和表面质量，使之成为零件或部件的那部分生产过程，它包括机械加工工艺过程和机器装配工艺过程。本书所称工艺过程均指机械加工工艺过程，以下简称为工艺过程。

　　2. 工艺过程的组成

　　在机械加工工艺过程中，针对零件的结构特点和技术要求，要采用不同的加工方法和装备，按照一定的顺序集资进行加工，才能完成由毛坯到零件的过程。组成机械加工工艺过程的基本单元是工序。工序又由安装、工位、工步和走刀等组成。

　　(1) 工序。一个或一组工人，在一个工作地点对同一个或同时对几个工件进行加工所连续完成的那部分工艺过程，称之为工序。由定义可知，判别是否为同一工序的主要依据是：工作地点是否变动和加工是否连续。

　　生产规模不同，加工条件不同，其工艺过程及工序的划分也不同。图 2.1 所示的阶梯轴，根据加工是否连续和变换机床的情况，小批量生产时，可划分为表 2.1 所示的三道工序；大批大量生产时，则可划分为表 2.2 所示的五道工序；单件生产时，甚至可以划分为表 2.3 所示的两道工序。

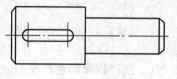

图 2.1　阶梯轴

　　(2) 安装。在加工前，应先使工件在机床上或夹具中占有正确的位置，这一过程称为定位；工件定位后，将其固定，使其在加工过程中保持定位位置不变的操作称为夹紧；将工件在机床或夹具中每定位、夹紧一次所完成的那一部分工序内容称为安装。一道工序中，工件可能被安装一次或多次。

表 2.1　　　　小批量生产的工艺过程

工序号	工序内容	设备
1	车一端面，钻中心孔；调头车另一端面，钻中心孔	车床
2	车大端外圆及倒角；车小端外圆及倒角	车床
3	铣键槽；去毛刺	铣床

表 2.2　　　　大批量生产的工艺过程

工序号	工序内容	设备
1	铣端面，钻中心孔	中心孔机床
2	车大端外圆及倒角	车床
3	车小端外圆及倒角	车床
4	铣键槽	立式铣床
5	去毛刺	钳工

表 2.3　　　　　　　　　　　单件生产的工艺过程

工序号	工序内容	设备
1	车一端面，钻中心孔；车另一端面，钻中心孔；车大端外圆及倒角；车小端外圆及倒角	车床
2	铣键槽；去毛刺	铣床

　　(3) 工位。为了完成一定的工序内容，一次安装工件后，工件与夹具或设备的可动部分一起相对刀具或设备的固定部分所占据的每一个位置称为工位。为了减少由于多次安装带来的误差和时间损失，加工中常采用回转工作台、回转夹具或移动夹具，使工件在一次安装中，先后处于几个不同的位置进行加工，称为多工位加工。图 2.2 所示为一利用回转工作台，在一次安装中依次完成装卸工件、钻孔、扩孔、铰孔四个工位加工的例子。采用多工位加工方法，既可以减少安装次数，提高加工精度，减轻工人的劳动强度；又可以使各工位的加工与工件的装卸同时进行，提高生产率。

　　(4) 工步。工序又可分成若干工步。在加工表面、切削刀具、切削用量中的进给量和切

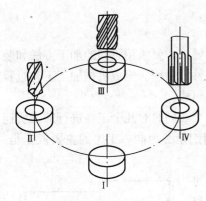

图 2.2　多工位加工

削速度基本保持不变的情况下所连续完成的那部分工序内容，称为工步。以上三个不变因素中只要有一个因素改变，即成为新的工步。一道工序包括一个或几个工步。

为简化工艺文件，对于那些连续进行的几个相同的工步，通常可看作一个工步。为了提高生产率，常将几个待加工表面用几把刀具同时加工，这种由刀具合并起来的工步，称为复合工步。

（5）走刀。在一个工步中，若需切去的金属层很厚，则可分为几次切削，则每进行一次切削就是一次走刀。一个工步可以包括一次或几次走刀。

2.1.2　生产纲领和生产类型

1. 生产纲领

生产纲领是指企业在计划期内应当生产的产品产量和进度计划。计划期通常为 1 年，所以生产纲领也称为年产量。

对于零件而言，产品的产量除了制造机器所需要的数量之外，还要包括一定的备品和废品，因此零件的生产纲领应按下式计算：

$$N = Qn(1+a\%)(1+b\%) \tag{2-1}$$

式中，N 为零件的年产量（件/年）；Q 为产品的年产量（台/年）；n 为每台产品中该零件的数量（件/台）；$a\%$ 为该零件的备品率；$b\%$ 为该零件的废品率。

2. 生产类型

生产类型是指企业生产专业化程度的分类。人们按照产品的生产纲领、投入生产的批量，可将生产分为单件生产、大量生产和批量生产三种类型。

（1）单件生产：单个生产不同结构和尺寸的产品，很少重复甚至不重复，这种生产称为单件生产。如新产品试制、维修车间的配件制造和重型机械制造等都属此种生产类型。其特点是：生产的产品种类较多，而同一产品的产量很小，工作地点的加工对象经常改变。

（2）大量生产：同一产品的生产数量很大，大多数工作地点经常按一定节奏重复进行某一零件的某一工序的加工，这种生产称为大量生产。如自行车制造和一些链条厂、轴承厂等专业化生产即属此种生产类型。其特点是：同一产品的产量大，工作地点较少改变，加工过程重复。

（3）批量生产：一年中分批、轮流制造几种不同的产品，每种产品均有一定的数量，工作地点的加工对象周期性地重复，这种生产称为成批生产。如一些通用机械厂、某些农业机械厂、陶瓷机械厂、造纸机械厂、烟草机械厂等的生产即属这种生产类型。其特点是：产品的种类较少，有一定的生产数量，加工对象周期性地改变，加工过程周期性地重复。

同一产品（或零件）每批投入生产的数量称为批量。根据批量的大小又可分为大批量生产、中批量生产和小批量生产。小批量生产的工艺特征接近单件生产，大批量生产的工艺特征接近大量生产。

根据前面公式计算的零件生产纲领，参考表 2.4 即可确定生产类型。不同生产类型的制造工艺有不同特征，各种生产类型的工艺特征见表 2.5。

表 2.4　　　　　　　　　　　　　　生产类型和生产纲领的关系

生产类型		生产纲领（件/年或台/年）		
		重型（30kg 以上）	中型（4～30kg）	轻型（4kg 以下）
单件生产		5 以下	10 以下	100 以下
批量生产	小批量生产	5～100	10～200	100～500
	中批量生产	100～300	200～500	500～5 000
	大批量生产	300～1 000	500～5 000	5 000～50 000
大量生产		1 000 以上	5 000 以上	50 000 以上

表 2.5　　　　　　　　　　　　　　各种生产类型的工艺特点

工艺特点	单件生产	批量生产	大量生产
毛坯的制造方法	铸件用木模手工造型，锻件用自由锻	铸件用金属模造型，部分锻件用模锻	铸件广泛用金属模机器造型，锻件用模锻
零件互换性	无需互换、互配零件可成对制造，广泛用修配法装配	大部分零件有互换性，少数用修配法装配	全部零件有互换性，某些要求精度高的配合，采用分组装配
机床设备及其布置	采用通用机床；按机床类别和规格采用"机群式"排列	部分采用通用机床，部分专用机床；按零件加工分"工段"排列	广泛采用生产率高的专用机床和自动机床；按流水线形式排列
夹具	很少用专用夹具，由划线和试切法达到设计要求	广泛采用专用夹具，部分用划线法进行加工	广泛用专用夹具，用调整法达到精度要求
刀具和量具	采用通用刀具和万能量具	较多采用专用刀具和专用量具	广泛采用高生产率的刀具和量具
对技术工人要求	需要技术熟练的工人	各工种需要一定熟练程度的技术工人	对机床调整工人技术要求高，对机床操作工人技术要求低
对工艺文件的要求	只有简单的工艺过程卡	有详细的工艺过程卡或工艺卡，零件的关键工序有详细的工序卡	有工艺过程卡、工艺卡和工序卡等详细的工艺文件

2.2　机械加工工艺规程概述

2.2.1　机械加工工艺规程的概念

　　机械加工工艺规程是将产品或零部件的制造工艺过程和操作方法按一定格式固定下来的技术文件。它是在具体生产条件下，本着最合理、最经济的原则编制而成的，经审批后用来指导生产的法规性文件。

　　机械加工工艺规程包括零件加工工艺流程、加工工序内容、切削用量、采用设备及工艺装备、工时定额等。

2.2.2　机械加工工艺规程的作用

　　机械加工工艺规程是机械制造工厂最主要的技术文件，是工厂规章制度的重要组成部分，其作用主要有：

（1）是组织和管理生产的基本依据。工厂进行新产品试制或产品投产时，必须按照工艺规程提供的数据进行技术准备和生产准备，以便合理编制生产计划，合理调度原材料、毛坯和设备，及时设计制造工艺装备，科学地进行经济核算和技术考核。

（2）是指导生产的主要技术文件。工艺规程是在结合本厂具体情况，总结实践经验的基础上，依据科学的理论和必要的工艺实验后制订的。它反映了加工过程中的客观规律，工人必须按照工艺规程进行生产，才能保证产品质量，才能提高生产效率。

（3）是新建和扩建工厂的原始资料。根据工艺规程，可以确定生产所需的机械设备、技术工人、基建面积以及生产资源等。

（4）是进行技术交流，开展技术革新的基本资料。典型和标准的工艺规程能缩短生产的准备时间，提高经济效益。先进的工艺规程必须广泛吸取合理化建议，不断交流工作经验，才能适应科学技术的不断发展。工艺规程是开展技术革新和技术交流必不可少的技术语言和基本资料。

2.2.3　机械加工工艺规程的类型

根据原机械部指导性技术文件 JB/Z 338.5《工艺管理导则工艺规程设计》中规定，工艺规程的类型有：

（1）专用工艺规程——针对每一个产品和零件所设计的工艺规程。

（2）通用工艺规程，它包括：

1）典型工艺规程——为一组结构相似的零部件所设计的通用工艺规程。

2）成组工艺规程——按成组技术原理将零件分类成组，针对每一组零件所设计的通用工艺规程。

3）标准工艺规程——已纳入国家标准或工厂标准的工艺规程。

为了适应工业发展的需要，加强科学管理和便于交流，原机械部还制订了指导性技术文件 JB/Z 187.3—88《工艺规程格式》，按照规定，属于机械加工工艺规程的有：

1）机械加工工艺过程卡片：主要列出零件加工所经过的整个工艺路线，以及工装设备和工时等内容，多作为生产管理使用。

2）机械加工工序卡片：用来具体指导工人操作的一种最详细的工艺文件，卡片上要画出工序简图，注明该工序的加工表面及应达到的尺寸精度和粗糙度要求、工件的安装方式、切削用量、工装设备等内容。

3）标准零件或典型零件工艺过程卡片。

4）单轴自动车床调整卡片。

5）多轴自动车床调整卡片。

6）机械加工工序操作指导卡片。

7）检验卡片等。

属于装配工艺规程的有：

1）工艺过程卡片。

2）工序卡片。

最常用的机械加工工艺过程卡片和机械加工工序卡片的格式如表 2.6～表 2.8 所示。

表 2.6　　　　　　　　　　**机械加工工艺过程卡片**

工　厂	机械加工工艺过程卡片		产品型号		零（部）件图号			共　页	
			产品名称		零（部）件名称			第　页	
材料牌号		毛坯种类	毛坯外形尺寸		每毛坯件数		每台件数	备注	
工序号	工作名称	工　序　内　容		车间	工段	设备	工　艺　装　备	工　时	
								准终	单件
						编制（日期）	审核（日期）	会签（日期）	
标记	处记	更改文件号	签字	日期	标记	处记	更改文件号	签字	日期

表 2.7　　　　　　　　　　　机 械 加 工 工 艺 卡 片

| 工　厂 | 机械加工工艺卡片 | | 产品型号 | | 零（部）件图号 | | | 共　页 |
| | | | 产品名称 | | 零（部）件名称 | | | 第　页 |

| 材料牌号 | | 毛坯种类 | 毛坯外形尺寸 | | 每毛坯件数 | | | 每台件数 | | 备注 | |

工序	装夹	工步	工序内容	同时加工零件数	切　削　用　量				设备名称及编号	工艺装备名称及编号			技术等级	工时定制	
					切割深度（mm）	切割速度（m/min）	每分钟转数或往复次数	进给量(mm或mm/双行程)		夹具	刀具	量具		单件	准终

| | | | | | | 编制（日期） | 审核（日期） | | 会签（日期） | | |

| 标记 | 处记 | 更改文件号 | 签字 | 日期 | 标记 | 处记 | 更改文件号 | 签字 | 日期 | | |

表2.8　　　　　　　　　　　　　　　　机 械 加 工 工 序 卡 片

工　厂	机械加工工序卡片	产品型号		零（部）件图号		共　页
		产品名称		零（部）件名称		第　页

材料编号		毛坯种类	毛坯外形尺寸	每毛坯件数		每台件数		备注

（工序图）	车间	工序号	工序名称	材料编号
	毛坯种类	毛坯外形尺寸	每坯件数	每台件数
	设备名称	设备型号	设备编号	同时加工件数
	夹具编号		夹具名称	冷却液
				工序工时
				准终　　单件

工步号	工步内容	工艺装备	主轴转速（r/min）	切割速度（m/min）	进给管（mm/r）	切割深度（mm）	进给次数	工时定额 机动　辅动

					编制（日期）	审核（日期）	会签（日期）	

标记	处记	更改文件号	签字	日期	标记	处记	更改文件号	签字	日期			

2.2.4　制订工艺规程的原则和依据

1. 制订工艺规程的原则

制订工艺规程时，必须遵循以下原则：

(1) 必须充分利用本企业现有的生产条件。

(2) 必须可靠地加工出符合图纸要求的零件，保证产品质量。

(3) 保证良好的劳动条件，提高劳动生产率。

(4) 在保证产品质量的前提下，尽可能降低消耗、成本。

(5) 应尽可能采用国内外先进工艺技术。

由于工艺规程是直接指导生产和操作的技术文件，因此工艺规程还应做到清晰、正确、完整和统一，所用术语、符号、编码、计量单位等都必须符合相关标准。

2. 制订工艺规程的主要依据

制订工艺规程时，必须依据如下原始资料：

(1) 产品的装配图和零件的工作图。

(2) 产品的生产纲领。

(3) 本企业现有的生产条件，包括毛坯的生产条件或协作关系、工艺装备和专用设备及其制造能力、工人的技术水平以及各种工艺资料和标准等。

(4) 产品验收的质量标准。

(5) 国内外同类产品的新技术、新工艺及其发展前景等的相关信息。

2.2.5　制订工艺规程的步骤

制订机械加工工艺规程的步骤大致如下：

(1) 熟悉和分析制订工艺规程的主要依据，确定零件的生产纲领和生产类型。

(2) 分析零件工作图和产品装配图，进行零件结构工艺性分析。

(3) 确定毛坯，包括选择毛坯类型及其制造方法。

(4) 选择定位基准或定位基面。

(5) 拟定工艺路线。

(6) 确定各工序需用的设备及工艺装备。

(7) 确定工序余量、工序尺寸及其公差。

(8) 确定各主要工序的技术要求及检验方法。

(9) 确定各工序的切削用量和时间定额，并进行技术经济分析，选择最佳工艺方案。

(10) 填写工艺文件。

2.2.6　制定工艺规程时要解决的主要问题

制定工艺规程时，主要解决以下几个问题：

(1) 零件图的研究和工艺分析。

(2) 毛坯的选择。

(3) 定位基准的选择。

(4) 工艺路线的拟订。

(5) 工序内容的设计，包括机床设备及工艺装备的选择，加工余量和工序尺寸的确定，切削用量的确定，热处理工序的安排，工时定额的确定等。

2.3　零件图的研究和工艺分析

制定零件的机械加工工艺规程前，必须认真研究零件图，对零件进行工艺分析。

2.3.1　零件图的研究

零件图是制订工艺规程最主要的原始资料。只有通过对零件图和装配图的分析，才能了解产品的性能、用途和工作条件，明确各零件的相互装配位置和作用，了解零件的主要技术要求，找出生产合格产品的关键技术问题。零件图的研究包括三项内容：

（1）检查零件图的完整性和正确性。主要检查零件视图是否表达直观、清晰、准确、充分；尺寸、公差、技术要求是否合理、齐全。如有错误或遗漏，应提出修改意见。

（2）分析零件材料选择是否恰当。零件材料的选择应立足于国内，尽量采用我国资源丰富的材料，尽量避免采用贵重金属；同时，所选材料必须具有良好的加工性。

（3）分析零件的技术要求。包括零件加工表面的尺寸精度、形状精度、位置精度、表面粗糙度、表面微观质量以及热处理等要求。分析零件的这些技术要求在保证使用性能的前提下是否经济合理，在本企业现有生产条件下是否能够实现。

2.3.2　零件的结构工艺性分析

零件的结构工艺性是指所设计的零件在不同类型的具体生产条件下，零件毛坯的制造、零件的加工和产品的装配所具备的可行性和经济性。零件结构工艺性涉及面很广，具有综合性，必须全面综合地分析。零件的结构对机械加工工艺过程的影响很大，不同结构的两个零件尽管都能满足使用要求，但它们的加工方法和制造成本却可能有很大的差别。所谓具有良好的结构工艺性，应是在不同生产类型的具体生产条件下，对零件毛坯的制造、零件的加工和产品的装配，都能以较高的生产率和最低的成本、采用较经济的方法进行并能满足使用性能的结构。在制订机械加工工艺规程时，主要对零件切削加工工艺性进行分析。

两个使用性能完全相同的零件，因结构稍有不同，其制造成本就有很大的差别。

2.3.3　零件工艺分析应重点研究的几个问题

对于较复杂的零件，在进行工艺分析时还必须重点研究以下三个方面的问题：

（1）主次表面的区分和主要表面的保证。零件的主要表面是指零件与其他零件相配合的表面，或是直接参与机器工作过程的表面；主要表面以外的其他表面称为次要表面。根据主要表面的质量要求，便可确定所应采用的加工方法以及采用哪些最后加工的方法来保证实现这些要求。

（2）重要技术条件分析。零件的技术条件一般是指零件的表面形状精度和位置精度，静平衡、动平衡要求，热处理、表面处理，探伤要求和气密性试验等。重要技术条件是影响工艺过程制订的重要因素，通常会影响到基准的选择和加工顺序，还会影响工序的集中与分散。

（3）零件图上表面位置尺寸的标注。零件上各表面之间的位置精度是通过一系列工序加工后获得的，这些工序的顺序与工序尺寸和相互位置关系的标注方式直接相关，这些尺寸的标注必须做到尽量使定位基准、测量基准与设计基准重合，以减少基准不重合带来的误差。

2.4　毛坯的选择

选择毛坯，主要是确定毛坯的种类、制造方法及其制造精度。毛坯的形状、尺寸越接近成品，切削加工余量就越少，从而可以提高材料的利用率和生产效率，然而这样往往会使毛坯制造困难，需要采用昂贵的毛坯制造设备，从而增加毛坯的制造成本。所以选择毛坯时应从机械加工和毛坯制造两方面出发，综合考虑以求最佳效果。

2.4.1　毛坯的种类

毛坯的种类很多，同一种毛坯又有多种制造方法。

1. 铸件

铸件适用于形状复杂的零件毛坯。根据铸造方法的不同，铸件又分为：

(1) 砂型铸造的铸件。这是应用最为广泛的一种铸件。它又有木模手工造型和金属模机器造型之分。木模手工造型铸件精度低，加工表面需留较大的加工余量；木模手工造型生产效率低，适用于单件小批生产或大型零件的铸造。金属模机器造型生产效率高，铸件精度也高，但设备费用高，铸件的重量也受限制，适用于大批量生产的中小型铸件。

(2) 金属型铸造铸件。将熔融的金属浇注到金属模具中，依靠金属自重充满金属铸型腔而获得的铸件。这种铸件比砂型铸造铸件精度高、表面质量和力学性能好，生产效率也较高，但需专用的金属型腔模，适用于大批量生产中的尺寸不大的有色金属铸件。

(3) 离心铸造铸件。将熔融金属注入高速旋转的铸型内，在离心力的作用下，金属液充满型腔而形成的铸件。这种铸件晶粒细，金属组织致密，零件的力学性能好，外圆精度及表面质量高；但内孔精度差，且需要专门的离心浇注机，适用于批量较大的黑色金属和有色金属的旋转体铸件。

(4) 压力铸造铸件。将熔融的金属在一定的压力作用下，以较高的速度注入金属型腔内而获得的铸件。这种铸件精度高，可达 IT11～IT13；表面粗糙度值小，可达 $Ra3.2～0.4\mu m$；铸件力学性能好。可铸造各种结构较复杂的零件，铸件上各种孔眼、螺纹、文字及花纹图案均可铸出。但需要一套昂贵的设备和型腔模。适用于批量较大的形状复杂、尺寸较小的有色金属铸件。

(5) 精密铸造铸件。将石蜡通过型腔模压制成与工件一样的蜡制件，再在蜡制工件周围粘上特殊型砂，凝固后将其烘干焙烧，蜡被蒸化而放出，留下工件形状的模壳，用来浇铸。精密铸造铸件精度高，表面质量好。一般用来铸造形状复杂的铸钢件，可节省材料，降低成本，是一项先进的毛坯制造工艺。

2. 锻件

锻件适用于强度要求高、形状比较简单的零件毛坯，其锻造方法有自由锻和模锻两种。

(1) 自由锻造锻件是在锻锤或压力机上用手工操作而成形的锻件。它的精度低，加工余量大，生产率也低，适用于单件小批生产及大型锻件。

(2) 模锻件是在锻锤或压力机上，通过专用锻模锻制成形的锻件。它的精度和表面粗糙度均比自由锻造的好，可以使毛坯形状更接近工件形状，加工余量小。同时，由于模锻件的材料纤维组织分布好，锻制件的机械强度高。模锻的生产效率高，但需要专用的模具，且锻锤的吨位也要比自由锻造的大。主要适用于批量较大的中小型零件。

3. 焊接件

焊接件是根据需要将型材或钢板焊接而成的毛坯件，它制作方便、简单，但需要经过热处理才能进行机械加工。适用于单件小批生产中制造大型毛坯，其优点是制造简便，加工周期短，毛坯重量轻；缺点是焊接件抗振动性差，机械加工前需经过时效处理以消除内应力。

4. 冲压件

冲压件是通过冲压设备对薄钢板进行冷冲压加工而得到的零件，它可以非常接近成品要求，冲压零件可以作为毛坯，有时还可以直接成为成品。冲压件的尺寸精度高，适用于批量较大而零件厚度较小的中小型零件。

5. 型材

型材主要通过热轧或冷拉而成。热轧的精度低，价格较冷拉的便宜，用于一般零件的毛坯。冷拉的尺寸小，精度高，易于实现自动送料，但价格贵，多用于批量较大且在自动机床上进行加工的情形。按其截面形状，型材可分为圆钢、方钢、六角钢、扁钢、角钢、槽钢以及其他特殊截面的型材。

6. 冷挤压件

冷挤压件是在压力机上通过挤压模掠夺而成。其生产效率高。冷挤压毛坯精度高，表面粗糙度值小，可以不再进行机械加工，但要求材料塑性好，主要为有色金属和塑性好的钢材。适用于大批量生产中制造形状简单的小型零件。

7. 粉末冶金件

粉末冶金件是以金属粉末为原料，在压力机上通过模具压制成型后经高温烧结而成。其生产效率高，零件的精度高，表面粗糙度值小，一般可不再进行精加工，但金属粉末成本较高，适用于大批大量生产中压制形状较简单的小型零件。

2.4.2 确定毛坯时应考虑的因素

在确定毛坯时应考虑以下因素：

（1）零件的材料及其力学性能。当零件的材料选定以后，毛坯的类型就大体确定了。例如，材料为铸铁的零件，自然应选择铸造毛坯；而对于重要的钢质零件，力学性能要求高时，可选择锻造毛坯。

（2）零件的结构和尺寸。形状复杂的毛坯常采用铸件，但对于形状复杂的薄壁件，一般不能采用砂型铸造；对于一般用途的阶梯轴，如果各段直径相差不大、力学性能要求不高时，可选择棒料做毛坯，倘若各段直径相差较大，为了节省材料，应选择锻件。

（3）生产类型。当零件的生产批量较大时，应采用精度和生产率都比较高的毛坯制造方法，这时毛坯制造增加的费用可由材料耗费减少的费用以及机械加工减少的费用来补偿。

（4）现有生产条件。选择毛坯类型时，要结合本企业的具体生产条件，如现场毛坯制造的实际水平和能力、外协的可能性等。

（5）充分考虑利用新技术、新工艺和新材料的可能性。为了节约材料和能源，减少机械加工余量，提高经济效益，只要有可能，就必须尽量采用精密铸造、精密锻造、冷挤压、粉末冶金和工程塑料等新工艺、新技术和新材料。

2.4.3 确定毛坯时的几项工艺措施

实现少切屑、无切屑加工，是现代机械制造技术的发展趋势。但是，由于毛坯制造技术的限制，加之现代机器对零件精度和表面质量的要求越来越高，为了保证机械加工能达到质量要求，毛坯的某些表面仍需留有加工余量。加工毛坯时，由于一些零件形状特殊，安装和加工不大方便，必须采取一定的工艺措施才能进行机械加工。以下列举几种常见的工艺措施。

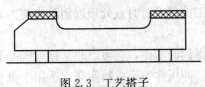

图 2.3　工艺搭子

（1）为了便于安装，有些铸件毛坯需铸出工艺搭子，如图 2.3 所示。工艺搭子在零件加工完毕后一般应切除，如对使用和外观没有影响，也可保留在零件上。

（2）装配后需要形成同一工作表面的两个相关偶件，为了保证加工质量并使加工方便，常常将这些分离零件先制作成一个整体毛坯，加工到一定阶段后再切割分离。

（3）对于形状比较规则的小型零件，为了便于安装和提高机械加工的生产率，可将多件合成一个毛坯，加工到一定阶段后，再分离成单件。

2.5　定位基准的选择

定位基准的选择对于保证零件的尺寸精度和位置精度以及合理安排加工顺序都有很大影响，当使用夹具安装工件时，定位基准的选择还会影响夹具结构的复杂程度。因此，定位基准的选择是制订工艺规程时必须认真考虑的一个重要工艺问题。

2.5.1　基准的概念及其分类

基准是指确定零件上某些点、线、面位置时所依据的那些点、线、面，或者说是用来确定生产对象上几何要素间的几何关系所依据的那些点、线、面。

按其作用的不同，基准可分为设计基准和工艺基准两大类。

1. 设计基准

设计基准是指零件设计图上用来确定其他点、线、面位置关系所采用的基准，如图 2.4（a）所示。

2. 工艺基准

工艺基准是指在加工或装配过程中所使用的基准。工艺基准根据其使用场合的不同，又可分为工序基准、定位基准、测量基准和装配基准四种。

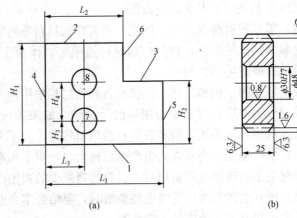

（a）　　　　　　　　　　（b）

图 2.4　基准

（1）工序基准。在工序图上，用来确定本工序所加工表面加工后的尺寸、形状、位置的基准，即工序图上的基准，如图 2.4（b）所示。

（2）定位基准。在加工时用作定位的基准。它是工件上与夹具定位元件直接接触的点、线、面。

（3）测量基准。在测量零件已加工表面的尺寸和位置时所采用的基准。

（4）装配基准。装配时用来确定零件或部件在产品中的相对位置所采用的基准。

2.5.2 基准问题的分析

分析基准时，必须注意以下几点：

(1) 基准是制订工艺的依据，必然是客观存在的。当作为基准的是轮廓要素，如平面、圆柱面等时，容易直接接触到，也比较直观。但是有些作为基准的是中心要素，如圆心、球心、对称轴线等时，则无法触及，然而它们却也是客观存在的。

(2) 当作为基准的要素无法触及时，通常由某些具体的表面来体现，这些表面称为基面。如轴的定位则以外圆柱面为定位基面，这类定位基准的选择则转化为恰当地选择定位基面的问题。

(3) 作为基准，可以是没有面积的点、线以及面积极小的面。但是工件上代表这种基准的基面总是有一定接触面积的。

(4) 不仅表示尺寸关系的基准问题如上所述，表示位置精度的基准关系也是如此。

2.5.3 定位基准的选择

选择定位基准时应符合两点要求：

(1) 各加工表面应有足够的加工余量，非加工表面的尺寸、位置应符合设计要求。

(2) 定位基面应有足够大的接触面积和分布面积，以保证能承受大的切削力，保证定位稳定可靠。

定位基准可分为粗基准和精基准。若选择未经加工的表面作为定位基准，这种基准被称为粗基准。若选择已加工的表面作为定位基准，则这种定位基准称为精基准。粗基准考虑的重点是如何保证各加工表面有足够的余量，而精基准考虑的重点是如何减少误差。在选择定位基准时，通常是从保证加工精度要求出发的，因而分析定位基准选择的顺序应从精基准到粗基准。

1. 精基准的选择

选择精基准应考虑如何保证加工精度和装夹可靠方便，一般应遵循以下原则：

(1) 基准重合原则：应尽可能选择设计基准作为定位基准，这样可以避免基准不重合引起的误差。图 2.5 所示为采用调整法加工 C 面，则尺寸 c 的加工误差 T_c 不仅包含本工序的加工误差 Δ_j，而且还包括基准不重合带来的设计基准与定位基准之间的尺寸误差 T_a。

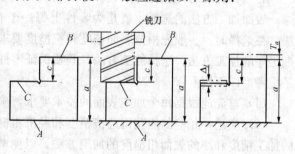

图 2.5 基准重合

(2) 基准统一原则：应尽可能采用同一个定位基准加工工件上的各个表面。采用基准统一原则，可以简化工艺规程的制定，减少夹具数量，节约了夹具设计和制造费用；同时由于减少了基准的转换，更有利于保证各表面间的相互位置精度。利用两中心孔加工轴类零件的各外圆表面，即符合基准统一原则。

(3) 互为基准原则：对工件上两个相互位置精度要求比较高的表面进行加工时，可以利用两个表面互相作为基准，反复进行加工，以保证位置精度要求。例如，为保证套类零件内外圆柱面较高的同轴度要求，可先以孔为定位基准加工外圆，再以外圆为定位基准加工内孔，这样反复多次，就可使两者的同轴度达到很高要求。

(4) 自为基准原则：某些加工表面加工余量小而均匀时，可选择加工表面本身作为定位基准。

（5）准确可靠原则：所选基准应保证工件定位准确、安装可靠；夹具设计简单、操作方便。

2. 粗基准的选择

粗基准选择应遵循以下原则：

（1）为了保证重要加工表面加工余量均匀，应选择重要加工表面作为粗基准。

（2）为了保证非加工表面与加工表面之间的相对位置精度要求，应选择非加工表面作为粗基准；如果零件上同时具有多个非加工面时，应选择与加工面位置精度要求最高的非加工表面作为粗基准。

（3）有多个表面需要一次加工时，应选择精度要求最高或者加工余量最小的表面作为粗基准。

（4）粗基准在同一尺寸方向上通常只允许使用一次。

（5）选作粗基准的表面应平整光洁，有一定面积，无飞边、浇口、冒口，以保证定位稳定、夹紧可靠。

无论是粗基准还是精基准的选择，上述原则都不可能同时满足，有时甚至互相矛盾，因此选择基准时，必须具体情况具体分析，权衡利弊，保证零件的主要设计要求。

2.6　工艺路线的拟订

拟定工艺路线是制订工艺规程的关键一步，它不仅影响零件的加工质量和效率，而且影响设备投资、生产成本，甚至工人的劳动强度。拟定工艺路线时，在首先选择好定位基准后，紧接着需要考虑如下几方面的问题。

2.6.1　表面加工方法的选择

表面加工方法的选择，就是为零件上每一个有质量要求的表面选择一套合理的加工方法。在选择时，一般先根据表面精度和粗糙度要求选择最终加工方法，然后再确定精加工前期工序的加工方法。选择加工方法，既要保证零件表面的质量，又要争取高生产效率，同时还应考虑以下因素：

（1）首先应根据每个加工表面的技术要求，确定加工方法和分几次加工。

（2）应选择相应的能获得经济精度和经济粗糙度的加工方法。加工时，不要盲目采用高的加工精度和小的表面粗糙度的加工方法，以免增加生产成本，浪费设备资源。

（3）应考虑工件材料的性质。例如，淬火钢精加工应采用磨床加工，但有色金属的精加工为避免磨削时堵塞砂轮，则应采用金刚镗或高速精细车削等。

（4）要考虑工件的结构和尺寸。例如，对于IT7级精度的孔，采用镗、铰、拉和磨削等都可达到要求。但箱体上的孔一般不宜采用拉或磨削，大孔时宜选择镗削，小孔时则宜选择铰孔。

（5）要根据生产类型选择加工方法。大批量生产时，应采用生产率高、质量稳定的专用设备和专用工艺装备加工。单件小批生产时，则只能采用通用设备和工艺装备以及一般的加工方法。

（6）还应考虑本企业的现有设备情况和技术条件以及充分利用新工艺、新技术的可能性。应充分利用企业的现有设备和工艺手段，节约资源，发挥群众的创造性，挖掘企业潜力；同时应重视新技术、新工艺，设法提高企业的工艺水平。

（7）其他特殊要求。例如工件表面纹路要求、表面力学性能要求等。

2.6.2　加工阶段的划分

为了保证零件的加工质量和合理地使用设备、人力，零件往往不可能在一个工序内完成全部加工工作，而必须将整个加工过程划分为粗加工、半精加工和精加工三大阶段。

粗加工阶段的任务是高效地切除各加工表面的大部分余量，使毛坯在形状和尺寸上接近成品；半精加工阶段的任务是消除粗加工留下的误差，为主要表面的精加工做准备，并完成一些次要表面的加工；精加工阶段的任务是从工件上切除少量余量，保证各主要表面达到图纸规定的质量要求。另外，对零件上精度和表面粗糙度要求特别高的表面还应在精加工后增加光整加工，称为光整加工阶段。

划分加工阶段的主要原因有：

（1）保证零件加工质量。粗加工时切除的金属层较厚，会产生较大的切削力和切削热，所需的夹紧力也较大，因而工件会产生较大的弹性变形和热变形；另外，粗加工后由于内应力重新分布，也会使工件产生较大的变形。划分阶段后，粗加工造成的误差将通过半精加工和精加工予以纠正。

（2）有利于合理使用设备。粗加工时可使用功率大、刚度好而精度较低的高效率机床，以提高生产率。而精加工则可使用高精度机床，以保证加工精度要求。这样既充分发挥了机床各自的性能特点，又避免了以粗干精，延长了高精度机床的使用寿命。

（3）便于及时发现毛坯缺陷。由于粗加工切除了各表面的大部分余量，毛坯的缺陷如气孔、砂眼、余量不足等可及早被发现，及时修补或报废，从而避免继续加工而造成的浪费。

（4）避免损伤已加工表面。将精加工安排在最后，可以保护精加工表面在加工过程中少受损伤或不受损伤。

（5）便于安排必要的热处理工序。划分阶段后，在适当的时机在机械加工过程中插入热处理，可使冷、热工序配合得更好，避免因热处理带来的变形。

值得指出的是，加工阶段的划分不是绝对的。例如，对那些加工质量不高、刚性较好、毛坯精度较高、加工余量小的工件，也可不划分或少划分加工阶段；对于一些刚性好的重型零件，由于装夹、运输费时，也常在一次装夹中完成粗、精加工，为了弥补不划分加工阶段引起的缺陷，可在粗加工之后松开工件，让工件的变形得到恢复，稍留间隔后用较小的夹紧力重新夹紧工件再进行精加工。

2.6.3　加工顺序的安排

复杂零件的机械加工要经过切削加工、热处理和辅助工序，在拟定工艺路线时必须将三者统筹考虑，合理安排顺序。

1. 切削加工工序顺序的安排原则

切削工序安排的总原则是：前期工序必须为后续工序创造条件，作好基准准备。具体原则如下：

（1）基准先行。零件加工一开始，总是先加工精基准，然后再用精基准定位加工其他表面。例如，对于箱体零件，一般是以主要孔为粗基准加工平面，再以平面为精基准加工孔系；对于轴类零件，一般是以外圆为粗基准加工中心孔，再以中心孔为精基准加工外圆、端面等其他表面。如果有几个精基准，则应该按照基准转换的顺序和逐步提高加工精度的原则来安排基面和主要表面的加工。

（2）先主后次。零件的主要表面一般都是加工精度或表面质量要求比较高的表面，它们的加工质量好坏对整个零件的质量影响很大，其加工工序往往也比较多，因此应先安排主要表面的加工，再将其他表面加工适当安排在它们中间穿插进行。通常将装配基面、工作表面等视为主要表面，而将键槽、紧固用的光孔和螺孔等视为次要表面。

（3）先粗后精。一个零件通常由多个表面组成，各表面的加工一般都需要分阶段进行。在安排加工顺序时，应先集中安排各表面的粗加工，中间根据需要依次安排半精加工，最后安排精加工和光整加工。对于精度要求较高的工件，为了减小因粗加工引起的变形对精加工的影响，通常粗、精加工不应连续进行，而应分阶段、间隔适当时间进行。

（4）先面后孔。对于箱体、支架和连杆等工件，应先加工平面后加工孔。因为平面的轮廓平整、面积大，先加工平面再以平面定位加工孔，既能保证加工时孔有稳定可靠的定位基准，又有利于保证孔与平面间的位置精度要求。

2. 热处理的安排

热处理工序在工艺路线中的安排，主要取决于零件的材料和热处理的目的。根据热处理的目的，一般可分为：

（1）预备热处理。预备热处理的目的是消除毛坯制造过程中产生的内应力，改善金属材料的切削加工性能，为最终热处理做准备。属于预备热处理的有调质、退火、正火等，一般安排在粗加工前、后。安排在粗加工前，可改善材料的切削加工性能；安排在粗加工后，有利于消除残余内应力。

（2）最终热处理。最终热处理的目的是提高金属材料的力学性能，如提高零件的硬度和耐磨性等。属于最终热处理的有淬火—回火、渗碳淬火—回火、渗氮等，对于仅仅要求改善力学性能的工件，有时正火、调质等也作为最终热处理。最终热处理一般应安排在粗加工、半精加工之后，精加工的前后。变形较大的热处理，如渗碳淬火、调质等，应安排在精加工前进行，以便在精加工时纠正热处理的变形；变形较小的热处理，如渗氮等，则可安排在精加工之后进行。

（3）时效处理。时效处理的目的是消除内应力、减少工件变形。时效处理分自然时效、人工时效和冰冷处理三大类。自然时效是指将铸件在露天放置几个月或几年；人工时效是指将铸件以 $50\sim100℃/h$ 的速度加热到 $500\sim550℃$，保温几小时或更久，然后以 $20\sim50℃/h$ 的速度随炉冷却；冰冷处理是指将零件置于 $-80\sim0℃$ 之间的某种气体中停留 $1\sim2h$。时效处理一般安排在粗加工之后、精加工之前；对于精度要求较高的零件可在半精加工之后再安排一次时效处理；冰冷处理一般安排在回火处理之后或者精加工之后或者工艺过程的最后。

（4）表面处理。为了表面防腐或表面装饰，有时需要对表面进行涂镀或发蓝等处理。涂镀是指在金属、非金属基体上沉积一层所需的金属或合金的过程。发蓝处理是一种钢铁的氧化处理，是指将钢件放入一定温度的碱性溶液中，使零件表面生成 $0.6\sim0.8\mu m$ 致密而牢固的 Fe_3O_4 氧化膜的过程，依处理条件的不同，该氧化膜呈现亮蓝色直至亮黑色，所以又称为煮黑处理。这种表面处理通常安排在工艺过程的最后。

　　3．辅助工序的安排

　　辅助工序包括工件的检验、去毛刺、清洗、去磁和防锈等。辅助工序也是机械加工的必要工序，安排不当或遗漏，会给后续工序和装配带来困难，影响产品质量甚至机器的使用性能。例如，未去毛刺的零件装配到产品中会影响装配精度或危及工人安全，机器运行一段时间后，毛刺变成碎屑后混入润滑油中，将影响机器的使用寿命；用磁力夹紧过的零件如果不安排去磁，则可能将微细切屑带入产品中，也必然会严重影响机器的使用寿命，甚至还可能造成不必要的事故。因此，必须十分重视辅助工序的安排。

　　检验是最主要的辅助工序，它对保证产品质量有重要的作用。检验工序应安排在：

　　（1）粗加工阶段结束后。

　　（2）转换车间的前后，特别是进入热处理工序的前后。

　　（3）重要工序之前或加工工时较长的工序前后。

　　（4）特种性能检验，如磁力探伤、密封性检验等之前。

　　（5）全部加工工序结束之后。

2.6.4　工序的集中与分散

　　拟定工艺路线时，选定了各表面的加工工序和划分加工阶段之后，就可以将同一阶段中的各加工表面组合成若干工序。确定工序数目或工序内容的多少有两种不同的原则，它和设备类型的选择密切相关。

　　1．工序集中与工序分散的概念

　　工序集中就是将工件的加工集中在少数几道工序内完成，每道工序的加工内容较多。工序集中又可分为：采用技术措施集中的机械集中，如采用多刀、多刃、多轴或数控机床加工等；采用人为组织措施集中的组织集中，如普通车床的顺序加工。

　　工序分散则是将工件的加工分散在较多的工序内完成。每道工序的加工内容很少，有时甚至每道工序只有一个工步。

　　2．工序集中与工序分散的特点

　　（1）工序集中的特点。

　　1）采用高效率的专用设备和工艺装备，生产效率高。

　　2）减少了装夹次数，易于保证各表面间的相互位置精度，还能缩短辅助时间。

　　3）工序数目少，机床数量、操作工人数量和生产面积都可减少，节省人力、物力，还可简化生产计划和组织工作。

　　4）工序集中通常需要采用专用设备和工艺装备，使得投资大，设备和工艺装备的调整、维修较为困难，生产准备工作量大，转换新产品较麻烦。

　　（2）工艺分散的特点。

　　1）设备和工艺装备简单、调整方便、工人便于掌握，容易适应产品的变换。

　　2）可以采用最合理的切削用量，减少基本时间。

　　3）对操作工人的技术水平要求较低。

　　4）设备和工艺装备数量多、操作工人多、生产占地面积大。

　　工序集中与分散各有特点，应根据生产类型、零件的结构和技术要求、现有生产条件等综合分析后选用。如批量小时，为简化生产计划，多将工序适当集中，使每个通用机床完成更多表面的加工，以减少工序数目；而批量较大时就可采用多刀、多轴等高效机床将工序集中。由于工序集中的优点较多，现代生产的发展多趋向于工序集中。

　　3．工序集中与工序分散的选择

　　工序集中与工序分散各有利弊，如何选择，应根据企业的生产规模、产品的生产类型、现有的生产条件、零件的结构特点和技术要求、各工序的生产节拍，进行综合分析后选定。

　　一般来说，单件小批生产采用组织集中，以便简化生产组织工作；大批大量生产可采用较复杂的机械集中；对于结构简单的产品，可采用工序分散的原则；批量生产应尽可能采用高效机床，使工序适当集中。对于重型零件，为了减少装卸运输工作量，工序应适当集中；而对于刚性较差且精度高的精密工件，则工序应适当分散。随着科学技术的进步，先进制造技术的发展，目前的发展趋势是倾向于工序集中。

2.7　工序内容的设计

2.7.1　设备及工艺装备的选择

　　1．设备的选择

　　确定了工序集中或工序分散的原则后，基本上也就确定了设备的类型。如采用工序集中，则宜选用高效自动加工设备；若采用工序分散，则加工设备可较简单。此外，选择设备时还应考虑：

　　（1）机床精度与工件精度相适应。

　　（2）机床规格与工件的外形尺寸相适应。

　　（3）选择的机床应与现有加工条件相适应，如设备负荷的平衡状况等。

　　（4）如果没有现成设备供选用，经过方案的技术经济分析后，也可提出专用设备的设计任务书或改装旧设备。

　　2．工艺装备的选择

　　工艺装备选择的合理与否，将直接影响工件的加工精度、生产效率和经济效益。应根据地生产类型、具体加工条件、工件结构特点和技术要求等选择工艺装备。

　　（1）夹具的选择。单件、小批生产应首先采用各种通用夹具和机床附件，如卡盘、机床用平口虎钳、分度头等；对于大批和大量生产，为提高生产率应采用专用高效夹具；多品种中、小批量生产可采用可调夹具或成组夹具。

　　（2）刀具的选择。一般优先采用标准刀具。若采用机械集中，则可采用各种高效的专用刀具、复合刀具和多刃刀具等。刀具的类型、规格和精度等级应符合加工要求。

　　（3）量具的选择。单件、小批生产应广泛采用通用量具，如游标卡尺、百分尺和千分表等；大批、大量生产应采用极限量块和高效的专用检验夹具和量仪等。量具的精度必须与加工精度相适应。

2.7.2　加工余量的确定

　　1．加工余量的基本概念

　　加工余量是指在加工中被切去的金属层厚度。加工余量有工序余量、总余量之分。

　　（1）工序余量：相邻两工序的工序尺寸之差，如图2.6所示。

　　计算工序余量 Z 时，平面类非对称表面，应取单边余量。

　　对于外表面：

$$Z = a - b \qquad (2-2)$$

对于内表面：

$$Z = b - a \qquad (2-3)$$

式中，Z 为本工序的工序余量；a 为前道工序的工序尺寸；b 为本工序的工序尺寸。

旋转表面的工序余量则是对称的双边余量。

对于被包容面：

$$Z = d_a - d_b \qquad (2-4)$$

对于包容面：

$$Z = d_b - d_a \qquad (2-5)$$

式中，Z 为直径上的加工余量；d_a 为前道工序的加工直径；d_b 为本工序的加工直径。

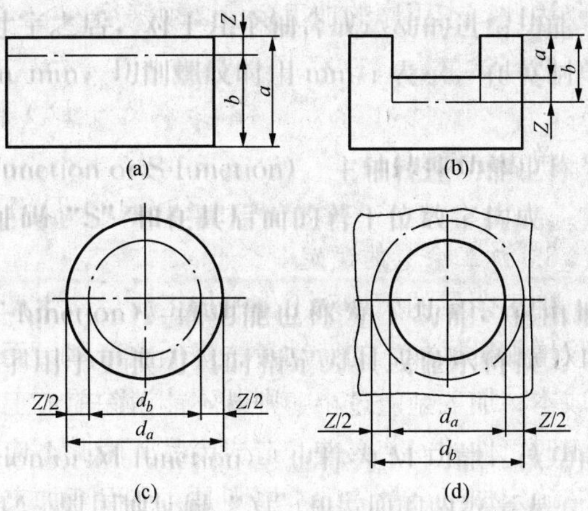

图 2.6　工序余量的确定

由于工序尺寸有公差，故实际切除的余量大小不等。因此，工序余量也是一个变动量。

当工序尺寸用尺寸计算时，所得的加工余量称为基本余量或者公称余量。

保证该工序加工表面的精度和质量所需切除的最小金属层厚度称为最小余量 $Z_{\min}$。该工序余量的最大值则称为最大余量 $Z_{\max}$。

图 2.7 表示了工序余量与工序尺寸的关系。

工序余量和工序尺寸及公差的关系式如下：

$$Z = Z_{\min} + T_a \qquad (2-6)$$

$$Z_{\max} = Z + T_b = Z_{\min} + T_a + T_b \qquad (2-7)$$

由此可知，

$$T_z = Z_{\max} - Z_{\min} = (Z_{\min} + T_a + T_b) - Z_{\min} = T_a + T_b$$
$$(2-8)$$

即余量公差等于前道工序与本工序的尺寸公差之和。

式中，T_a 为前道工序尺寸的公差；T_b 为本工序尺寸的公差；T_z 为本工序的余量公差。

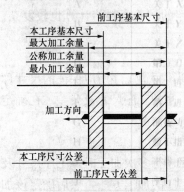

图 2.7　工序余量与工序尺寸及其公差的关系

为了便于加工，工序尺寸公差都按"人体原则"标注，即被包容面的工序尺寸公差取上偏差为零；包容面的工序尺寸公差取下偏差为零；而毛坯尺寸公差按双向布置上、下偏差。

（2）总余量：工件由毛坯到成品的整个加工过程中某一表面被切除金属层的总厚度。即

$$Z_{总} = Z_1 + Z_2 + \cdots + Z_n \qquad (2-9)$$

式中，$Z_{总}$ 为加工总余量；Z_1、Z_2、$\cdots$、Z_n 为各道工序余量。

2. 影响加工余量的因素

影响加工余量的因素是多方面的，主要有：

（1）前道工序的表面粗糙度 R_a 和表面层缺陷层厚度 D_a。

（2）前道工序的尺寸公差 T_a。

（3）前道工序的形位误差 ρ_a，如工件表面的弯曲、工件的空间位置误差等。

（4）本工序的安装误差 ε_b。

因此，本工序的加工余量必须满足：

对称余量：

$$Z \geqslant 2(R_a + D_a) + T_a + 2 \mid \rho_a + \varepsilon_b \mid \qquad (2-10)$$

单边余量：

$$Z \geqslant R_a + D_a + T_a + \mid \rho_a + \varepsilon_b \mid \qquad (2-11)$$

3. 加工余量的确定

加工余量的大小对工件的加工质量、生产率和生产成本均有较大影响。加工余量过大，不仅增加机械加工的劳动量、降低生产率，而且增加了材料、刀具和电力的消耗，提高了加工成本；加工余量过小，则既不能消除前道工序的各种表面缺陷和误差，又不能补偿本工序加工时工件的安装误差，造成废品。因此，应合理地确定加工余量。

确定加工余量的基本原则是：在保证加工质量的前提下，加工余量越小越好。

实际工作中，确定加工余量的方法有以下三种：

（1）查表法：根据有关手册提供的加工余量数据，再结合本厂生产实际情况加以修正后确定加工余量。这是各工厂广泛采用的方法。

（2）经验估计法：根据工艺人员本身积累的经验确定加工余量。一般为了防止余量过小而产生废品，所估计的余量总是偏大。常用于单件、小批量生产。

（3）分析计算法：根据理论公式和一定的试验资料，对影响加工余量的各因素进行分析、计算来确定加工余量。这种方法较合理，但需要全面可靠的试验资料，计算也较复杂。一般只在材料十分贵重或少数大批、大量生产的工厂中采用。

2.7.3 工序尺寸及其公差的确定

工件上的设计尺寸一般都要经过几道工序的加工才能得到，每道工序所应保证的尺寸称为工序尺寸。编制工艺规程的一个重要工作就是要确定每道工序的工序尺寸及公差。在确定工序尺寸及公差时，存在工序基准与设计基准重合和不重合两种情况。

1. 基准重合时工序尺寸及其公差的计算

当工序基准、定位基准或测量基准与设计基准重合，表面进行多次加工时，工序尺寸及其公差的计算相对来说比较简单。其计算顺序是：先确定各工序的加工方法，然后确定该加工方法所要求的加工余量及其所能达到的精度，再由最后一道工序逐个向前推算，即由零件图上的设计尺寸开始，一直推算到毛坯图上的尺寸。工序尺寸的公差都按各工序的经济精度确定，并按"入体原则"确定上、下偏差。

例 2-1 某主轴箱体主轴孔的设计要求为 $\phi100H7$，$R_a = 0.8\mu m$。其加工工艺路线为毛坯—粗镗—半精镗—精镗—浮动镗。试确定各工序尺寸及其公差。

解 从机械工艺手册查得各工序的加工余量和所能达到的精度，具体数值见表 2.9 中的第二、三列；工序尺寸及其公差的计算结果见表 2.9 中的第四、五列。

表 2.9   主轴孔工序尺寸及公差的计算

工序名称	工序余量	工序的经济精度	工序基本尺寸	工序尺寸及公差
浮动镗	0.1	$H7(^{+0.035}_{0})$	100	$\varphi100^{+0.035}_{0}$，$R_a = 0.8\mu m$
精 镗	0.5	$H9(^{+0.087}_{0})$	$100 - 0.1 = 99.9$	$\varphi99.9^{+0.087}_{0}$，$R_a = 1.6\mu m$
半精镗	2.4	$H11(^{+0.22}_{0})$	$99.9 - 0.5 = 99.4$	$\varphi99.4^{+0.22}_{0}$，$R_a = 6.3\mu m$

续表

工序名称	工序余量	工序的经济精度	工序基本尺寸	工序尺寸及公差
粗　镗	5	$H13(^{+0.54}_{0})$	$99.4-2.4=97$	$\varphi97^{+0.54}_{0}$，$R_a=12.5\mu m$
毛坯孔	8	(±1.2)	$97-5=92$	$\varphi92\pm1.2$

2. 基准不重合时工序尺寸及其公差的计算

加工过程中，工件的尺寸是不断变化的，由毛坯尺寸到工序尺寸，最后达到满足零件性能要求的设计尺寸。一方面，由于加工的需要，在工序图以及工艺卡上要标注一些专供加工用的工艺尺寸，工艺尺寸往往不是直接采用零件图上的尺寸，而是需要另行计算；另一方面，在零件加工时，有时需要多次转换基准，因而引起工序基准、定位基准或测量基准与设计基准不重合。这时，需要利用工艺尺寸链原理来进行工序尺寸及其公差的计算。

(1) 工艺尺寸链的基本概念。

1) 工艺尺寸链的定义：由相互联系的尺寸按一定顺序首尾相接排列成的尺寸封闭图形就称为尺寸链。由单个零件在工艺过程中的有关工艺尺寸所组成的尺寸链，称为工艺尺寸链。如图 2.8 所示。

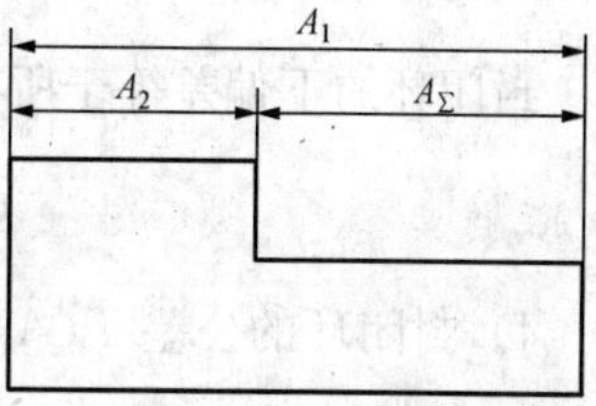

2) 工艺尺寸链的组成：我们把组成工艺尺寸链的各个尺寸称为尺寸链的环。这些环可分为封闭环和组成环。

① 封闭环：尺寸链中最终间接获得或间接保证精度的那个环。每个尺寸链中必有一个，且只有一个封闭环。

图 2.8　工艺尺寸链

② 组成环：除封闭环以外的其他环都称为组成环。组成环又分为增环和减环。

(i) 增环 (A_i)：若其他组成环不变，某组成环的变动引起封闭环随之同向变动，则该环为增环。

(ii) 减环 (A_j)：若其他组成环不变，某组成环的变动引起封闭环随之异向变动，则该环为减环。

工艺尺寸链一般都用工艺尺寸链图表示。建立工艺尺寸链时，应首先对工艺过程和工艺尺寸进行分析，确定间接保证精度的尺寸，并将其定为封闭环，然后再从封闭环出发，按照零件表面尺寸间的联系，用首尾相接的单向箭头顺序表示各组成环，这种尺寸图就是尺寸链图。根据上述定义，利用尺寸链图即可迅速判断组成环的性质，凡与封闭环箭头方向相同的环即为减环，而凡与封闭环箭头方向相反的环即为增环。

3) 工艺尺寸链的特性：通过上述分析可知，工艺尺寸链的主要特性是封闭性和关联性。所谓封闭性，是指尺寸链中各尺寸的排列呈封闭形式。没有封闭的不能成为尺寸链。所谓关联性，是指尺寸链中任何一个直接获得的尺寸及其的变化，都将影响间接获得或间接保证的那个尺寸及其精度的变化。

(2) 工艺尺寸链计算的基本公式。工艺尺寸链的计算方法有两种，即极值法和概率法，这里仅介绍生产中常用的极值法。

1) 封闭环的基本尺寸：封闭环的基本尺寸等于组成环环尺寸的代数和，即

$$A_{\Sigma}=\sum_{i=1}^{m}\overrightarrow{A_i}-\sum_{j=m+1}^{n-1}\overleftarrow{A_j} \tag{2-12}$$

式中，A_Σ 为封闭环的尺寸；$\overrightarrow{A_i}$ 为增环的基本尺寸；$\overleftarrow{A_j}$ 为减环的基本尺寸；m 为增环的环数；n 为包括封闭环在内的尺寸链的总环数。

2）封闭环的极限尺寸：封闭环的最大极限尺寸等于所有增环的最大极限尺寸之和减去所有减环的最小极限尺寸之和；封闭环的最小极限尺寸等于所有增环的最小极限尺寸之和减去所有减环的最大极限尺寸之和。故极值法也称为极大极小法。即

$$A_{\Sigma max} = \sum_{i=1}^{m} \overrightarrow{A_{i\,max}} - \sum_{j=m+1}^{n-1} \overleftarrow{A_{j\,min}} \qquad (2-13)$$

$$A_{\Sigma min} = \sum_{i=1}^{m} \overrightarrow{A_{i\,min}} - \sum_{j=m+1}^{n-1} \overleftarrow{A_{j\,max}} \qquad (2-14)$$

3）封闭环的上偏差 $B_s(A_\Sigma)$ 与下偏差 $B_x(A_\Sigma)$：

封闭环的上偏差等于所有增环的上偏差之和减去所有减环的下偏差之和，即

$$B_s(A_\Sigma) = \sum_{i=1}^{m} B_s(\overrightarrow{A_i}) - \sum_{j=m+1}^{ni} B_x(\overleftarrow{A_j}) \qquad (2-15)$$

封闭环的下偏差等于所有增环的下偏差之和减去所有减环的上偏差之和，即

$$B_x(A_\Sigma) = \sum_{i=1}^{m} B_x(\overrightarrow{A_i}) - \sum_{j=m+1}^{ni} B_s(\overleftarrow{A_j}) \qquad (2-16)$$

4）封闭环的公差 $T(A_\Sigma)$：封闭环的公差等于所有组成环公差之和，即

$$T(A_\Sigma) = \sum_{i=1}^{ni} T(A_i) \qquad (2-17)$$

5）计算封闭环的竖式：封闭环时还可列竖式进行解算。解算时应用口诀：增环上下偏差照抄；减环上下偏差对调、反号。如表 2.10 所示。

具体计算过程请参照后面的实例。

（3）工艺尺寸链的计算形式。

表 2.10   封闭环竖式解算口诀

环的类型		基本尺寸	上偏差 ES	下偏差 EI
增 环	$\overrightarrow{A_1}$	$+A_1$	ES_{A_1}	EI_{A_1}
	$\overrightarrow{A_2}$	$+A_2$	ES_{A_2}	EI_{A_2}
减 环	$\overleftarrow{A_3}$	$-A_3$	$-EI_{A_3}$	$-ES_{A_3}$
	$\overleftarrow{A_4}$	$-A_4$	$-EI_{A_4}$	$-ES_{A_4}$
封闭环	A_Σ	A_Σ	ES_{A_Σ}	EI_{A_Σ}

1）正计算形式：已知各组成环尺寸求封闭环尺寸，其计算结果是唯一的。产品设计的校验常用这种形式。

2）反计算形式：已知封闭环尺寸求各组成环尺寸。由于组成环通常有若干个，所以反计算形式需将封闭环的公差值按照尺寸大小和精度要求合理地分配给各组成环。产品设计常用此形式。

3）中间计算形式：已知封闭环尺寸和部分组成环尺寸求某一组成环尺寸。该方法应用最广，常用于加工过程中基准不重合时计算工序尺寸。

3．工艺尺寸链的分析与解算

（1）测量基准与设计基准重合时的工艺尺寸及其公差的确定：在工件加工过程中，有时会遇到一些表面加工之后，按设计尺寸不便直接测量的情况，因此需要在零件上另选一容易测量的表面作为测量基准进行测量，以间接保证设计尺寸的要求。这时就需要进行工艺尺寸的换算。

例 2-2 设计尺寸为 $50_{-0.1}^{0}$ mm 和 $10_{-0.05}^{0}$ mm。由于设计尺寸 $50_{-0.1}^{0}$ mm 在加工时无法直

接测量，只好通过测量尺寸 x 来间接保证它。尺寸 $50_{-0.1}^{0}$mm、$10_{-0.05}^{0}$mm 和 x 就形成了一工艺尺寸链。分析该尺寸链可知，尺寸 $50_{-0.1}^{0}$mm 为封闭环，尺寸 $10_{-0.05}^{0}$mm 为减环，x 为增环。

解　利用尺寸链的解算公式可知，

x＝50＋10＝60mm

ES_x＝0＋（－0.05）＝－0.05mm

EI_x＝－0.1－0＝－0.1mm

因此，x＝$60_{-0.1}^{-0.05}$mm。

尺寸链如图 2.9 所示。

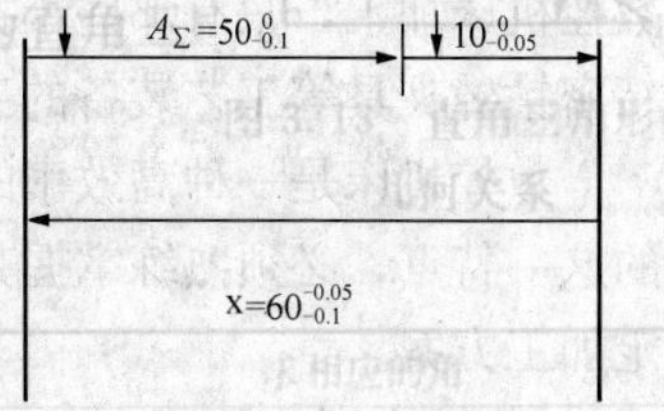

计算上面的尺寸链，由于环数少，利用尺寸链解算公式比

图 2.9　尺寸链

较简便。不过，公式记忆起来有的人会感到有些困难，甚至容易弄混；如果尺寸链环数很多，利用尺寸链解算公式计算起来还会感到比较麻烦，并且容易出错。下面介绍一种用竖式解算尺寸链的方法。

利用竖式解算尺寸链时，必须用一句口诀对增环、减环的上、下偏差进行处理。这句口诀是："增环上、下偏差照抄，减环上、下偏差对调并反号"。仍以例 2 - 2 为例，由尺寸链图可知，尺寸 $50_{-0.1}^{0}$mm 为封闭环，尺寸 $10_{-0.05}^{0}$mm 为减环，x 为增环。将该尺寸链列竖式则为：

基本尺寸	上偏差 ES	下偏差 EI
x＝60	－0.05	－0.1
－10	＋0.05	0
A_Σ＝50	0	－0.1

同样解得：x＝$60_{-0.1}^{-0.05}$mm。

（2）定位基准与设计基准不重合时的工艺尺寸及其公差的确定：采用调整法加工零件时，若所选的定位基准与设计基准不重合，那么该加工表面的设计尺寸就不能由加工直接得到，这时就需要进行工艺尺寸的换算，以保证设计尺寸的精度要求，并将计算的工序尺寸标注在工序图上。

（3）工序基准是尚需加工的设计基准时的工序尺寸及其公差的计算：从待加工的设计基准（一般为基面）标注工序尺寸，因为待加工的设计基准与设计基准两者差一个加工余量，所以这仍然可以作为设计基准与定位基准不重合的问题进行解算。

2.8　数控机床的加工特点

数控机床的加工工艺与普通机床的加工工艺有许多相同之处，但也存在许多不同之处，例如工序集中。本节着重介绍数控机床的加工工艺特点。

数控机床是严格按照加工程序进行加工的，所加工的工件通常要比普通机床所加工的工件工艺规程复杂。在数控机床加工前，要将机床的运动过程，零件的工艺过程、刀具的形状、切削用量和走刀路线等都编入程序，这就要求程序设计人员要具有多方面的知识。合格的程序员首先应该是一个很好的工艺员，应具有较丰富的机械加工知识，并对数控机床的性能、特点和应用、切削范围，标准刀具系统等有较全面的了解，否则就无法做到全面周到地考虑零件加工的全过程以及正确、合理地确定零件的加工程序。

使用数控机床进行加工时，首先是选择合适的工件。在生产中，并非所有的工件都适合数控机床加工，只有那些小批量，特别是重复轮番投产、表面复杂、加工中需要测量、需要精密钻镗夹具等工艺装备的工件，才是数控加工最合适的加工对象。

数控机床是一种高效率的设备，它的效率高于普通机床 2～3 倍。欲充分发挥数控机床的这一特点，必须熟练掌握其性能、特点及使用操作方法，同时还必须在编程之前正确地确定加工方案。

2.8.1 工序划分

在数控机床上加工零件，工序可以比较集中。在一次装夹中，尽可能完成全部工序。与普通机床加工相比，加工工序划分有其自己特点，常用的工序划分的方法有：

（1）按粗精加工划分工序。考虑到零件形状、尺寸精度以及工件刚度和变形等因素，可按粗精加工分开的原则划分工序，先粗加工，后精加工。粗加工后工件的变形需要一段时间恢复，最好不要紧接着安排精加工。

（2）按先面后孔的原则划分工序。在工件上既有面加工，又有孔加工时，可先加工面，后加工孔，这样可以提高孔的加工精度。

（3）按所用刀具划分工序。为了减少换刀次数，缩短空程时间减少不必要的定位误差，多采用按刀具集中工序的方法。即将工件上需要用同一把刀加工的部位全部加工完之后，再换另一把刀来加工。

2.8.2 工件装夹

数控机床上应尽量采用组合夹具，必要时可以设计专用夹具。无论是采用组合夹具还是设计专用夹具，一定要考虑数控机床的特点。在数控机床上加工工件，由于工序集中，往往是在一次装夹中就要完成全部工序，因此对夹紧工件时的变形要给予足够的重视。此外，还应注意协调工件和机床坐标系的关系。设计专用夹具时，应注意以下几点：

（1）选择合适的定位方式。夹具在机床上安装位置的定位基准应与设计基准一致，即所谓的基准重合原则。所选择的定位方式应具有较高的定位精度，没有过定位干涉现象且便于工件的安装。为了便于夹具或工件的安装找正，最好从工作台某两个面定位。对于箱体类工件，最好采用一面两销定位。若工件本身无合适的定位孔和定位面，可以设置工艺基准面和工艺用孔。

（2）确定合适的夹紧方法。考虑夹紧方案时，要注意夹紧力的作用点和方向。夹紧力作用点应靠近主要支撑点或在支撑点所组成的三角形内，应力求靠近切削部位及刚性较好的地方。

（3）夹具结构要有足够的刚度和强度。夹具的作用是保证工件的加工精度，因此要求夹具必须具备足够的刚度和强度，以减小其变形对加工精度的影响。特别对于切削用量较大的工序，夹具的刚度和强度更为重要。

2.8.3 工艺编制

所谓工艺编制，就是确定每道工序的加工路线。由于同一工件的加工工艺可能会出现各种不同的方案，应根据实际情况和具体条件，采用最完善、最经济、最合理的工艺方案。

工艺编制要根据工件的毛坯形状和材料的性质等因素决定。这些因素和工件的尺寸精度是选择加工余量的决定因素，可以依据工件的精度、尺寸、形状公差和技术要求编制工艺规程。制定数控加工工艺除考虑前面所述的一般工艺原则外，还应考虑充分发挥所用数控机床的功能，要求走刀路线要短、走刀次数和换刀次数尽可能少、加工安全可靠等。

2.8.4　加工余量的选择

加工余量的大小等于每个中间工序加工余量的总和。工序间的加工余量的选择应根据下列条件进行：

（1）应有足够的加工余量，特别是最后的工序，加工余量应保证达到图样上所规定的精度和表面粗糙度要求。

（2）应考虑加工方法和设备的刚性，以及工件可能发生的变形。过大的加工余量反而会由于切削抗力的增加而引起工件变形加大，影响加工精度。

（3）应考虑到热处理引起的变形，否则可能产生废品。

（4）应考虑工件的大小。工件越大，由切削力、内应力引起的变形亦会越大，加工余量也要相应大一些。

（5）在保证加工精度的前提下，应尽量采用最小的加工余量总和，以求缩短加工时间，降低加工费用。

2.8.5　加工路线的确定

在数控机床加工过程中，加工路线的确定是非常重要的，它与工件的加工精度和粗糙度直接相关。所谓加工路线就是数控机床在加工过程中刀具中心的移动路线。确定加工路线，就是确定刀具的移动路线。对于连续铣削轮廓，特别是加工圆弧时，要注意安排好刀具切入和切出，要尽量避免交接处重复加工，否则会出现明显的界限痕迹。用圆弧插补方式铣削外整圆时，要安排刀具从切向进入圆周铣削加工，当整圆加工完毕时，不要在切点处直接退刀，要让刀具多运动一段距离，最好是沿切线方向，以免取消刀具补偿时，刀具与工件表面相碰撞，造成工件报废。铣削内圆弧时，也要遵守从切向切入的原则。最好安排从圆弧过渡到圆弧的加工路线，以提高内孔表面的加工精度和表面质量。

2.8.6　数控机床用的刀具

数控机床具有高速、高效的特点。一般数控机床，其主轴转速要比普通机床主轴转速高1～2倍。因此，数控机床用的刀具比普通机床用的刀具要严格得多。刀具的强度和耐用度是人们十分关注的问题，近几年来，一些新刀具相继出现，使机械加工工艺得到了不断更新和改善。选用刀具时应注意以下几点：

（1）在数控机床上铣削平面时，应采用镶装不重磨可转位硬质合金刀片的铣刀。一般采用两次走刀，一次粗铣，一次精铣。当连续切削时，粗铣刀直径要小一些，精铣刀直径要大一些，最好能包容待加工面的整个宽度。加工余量大，且加工面又不均匀时，刀具直径要选得小些，否则当粗加工时会因接刀刀痕过深而影响加工质量。

（2）高速钢立铣刀多用于加工凸台和凹槽，最好不要用于加工毛坯面，因为毛坯面有硬化层和夹砂现象，刀具会很快被磨损。

（3）加工余量较小，并且要求表面粗糙度较低时，应采用镶立方氮化硼刀片的端铣刀或镶陶瓷刀片的端铣刀。

（4）镶硬质合金的立铣刀可用于加工凹槽、窗口面、凸台面和毛坯面。

（5）镶硬质合金的玉米铣刀可以进行强力切削，铣削毛坯表面和用于孔的粗加工。

(6) 精度要求较高的凹槽加工时，可以采用直径比槽宽小一些的立铣刀，先铣槽的中间部分，然后利用刀具半径补偿功能铣削槽的两边，直到达到精度要求为止。

(7) 在数控铣床上钻孔，一般不采用钻模，钻孔深度为直径的 5 倍左右的深孔加工容易拆坏钻头，应注意冷却和排屑。钻孔前最好先用中心钻钻一个中心孔或用一个刚性好的短钻头锪窝印正。锪窝除了可以解决毛坯表面钻孔引正问题外，还可以代替孔口倒角。

2.8.7 切削用量的确定

确定数控机床的切削用量时一定要根据机床说明书中规定的要求，以及刀具的耐用度去选择，当然也可以结合实际经验采用类比法去确定。确定切削用量时应注意以下几点：

(1) 要充分保证刀具能加工完一个工件或保证刀具的耐用度不低于一个工作班，最少也不低于半个班的工作时间。

(2) 切削深度主要受机床刚度的限制，在机床刚度允许的情况下，尽可能使切削深度等于工件的加工余量，这样可以减少走刀次数，提高加工效率。

(3) 对于表面粗糙度和精度要求高的零件，要留有足够的精加工余量。数控机床的精加工余量可比普通机床小一些。

(4) 主轴的转速 s（r/min）要根据切削速度 v（m/min）来选择：

$$v = \pi s D / 1\,000 \tag{2-18}$$

式中，D 为工件或刀具直径（mm）；v 为切削速度，由刀具耐用度决定。

(5) 进给速度 f（mm/min），是数控机床切削用量中的重要参数，可根据工件的加工精度和表面粗糙度要求，以及刀具和工件材料的性质选取。

思 考 题 与 习 题

2-1 什么是生产过程、工艺过程、工艺规程？工艺规程在生产时有何作用？

2-2 什么是工序、安装、工位、工步？

2-3 如何划分生产类型？各种生产类型的工艺特征是什么？

2-4 在加工中可通过哪些方法保证工件的尺寸精度、形状精度及位置精度？

2-5 什么是零件的结构工艺性？

2-6 什么是设计基准、定位基准、工序基准、测量基准、装配基准，并举例说明。

2-7 精基准、粗基准的选择原则有哪些？如何处理在选择时出现的矛盾？

2-8 如何选择下列加工过程中的定位基准：

①浮动铰刀铰孔；②拉齿坯内孔；③无心磨削销轴外圆；④磨削床身导轨面；⑤箱体零件攻螺纹；⑥珩磨连杆大头孔。

2-9 试叙述在零件加工过程中，划分加工阶段的目的和原则。

2-10 试叙述零件在机械加工工艺过程中，安排热处理工序的目的、常用的热处理方法及其在工艺过程中安排的位置。

2-11 一小轴，毛坯为热轧棒料，大量生产的工艺路线为粗车—精车—淬火—粗磨—精磨，外圆设计尺寸为 $\phi 30_{-0.013}^{\ 0}$ mm，已知各工序的加工余量和经济精度，试确定各序尺寸及其偏差、毛坯尺寸及粗车余量，并填入表 2.11 中。

表 2.11　封 闭 环 的 计 算

工序名称	工序余量	经济精度	工序尺寸及偏差	工序名称	工序余量	经济精度	工序尺寸及偏差
精　磨	0.1	0.013（IT6）		粗　车	6	0.21（IT12）	
粗　磨	0.4	0.033（IT8）		毛坯尺寸		±1.2	
精　车	1.5	0.084（IT10）					

2-12　什么是时间定额？批量生产和大量生产时的时间定额分别怎样计算？

第 3 章　数控加工编程基础

本章要点

➤数控编程的基本概念
➤数控机床坐标系
➤数控指令及其功能
➤数控编程中的数学处理

3.1　数控编程概论

零件加工程序的作用是控制机床的运动，它提供零件加工时机床的运动和操作的全部信息。主要包括加工工序各坐标的运动行程、速度、联动状态、主轴的转速和转向、刀具的更换、切削液的打开和关闭等。

数控编程的语言在国际上大部分已经标准化了（ISO 标准，EIA 标准），对于少数没有标准化的语言，数控机床的各生产厂家的定义略有不同。本章所涉及的编程语言与语句格式，主要是根据 FANUC 的材料编写的。不同类型的数控系统、不同厂家生产的数控机床编程的方法不尽相同，在实际应用时，一定要参考机床编程说明书。

3.1.1　数控加工编程的步骤和内容

数控加工编程的主要内容有零件图纸分析、确定加工工艺、数学处理、编写程序、程序检查、程序输入及样品试切。

数控加工编程的步骤一般如图 3.1 所示。

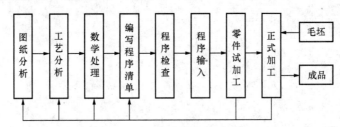

图 3.1　数控加工编程的步骤

1. 零件图纸分析与加工工艺分析

编程人员需要根据零件图分析零件的技术特性、几何形状、尺寸及工艺要求；明确加工的内容和要求；确定加工方案；选择适合的数控机床；选择或设计刀具和夹具；确定合理的走刀路线及选择合理的切削用量等。并结合数控机床使用的基础知识，如数控机床的规格、性能、数控系统的功能等，确定加工方法和加工路线，应注意尽量减少换刀、转位等动作。

2. 数学处理

编程之前，针对零件的几何特征，先建立一个工件坐标系，制定加工路线，计算出刀具的运动轨迹。如果零件的形状比较简单，只要计算出各个几何元素的起点、终点、圆弧的圆心、两几何元素的交点或切点的坐标值；但对形状比较复杂的零件，当数控系统的插补功能不能满足零件的几何要求时，就需要计算出很多的离散点，根据要求的精度，在点与点之间用直线或圆弧段来逼近曲线或曲面，在这种情况下一般要使用计算机来完成数值计算的工作。

3. 编写程序清单，检查并输入

确定加工路线和工艺参数后，根据数控编程指令代码及程序段格式规范，编写程序清单。若需要的话，还要填写工艺文件，如加工工序卡片、数控刀具明细表等。经过仔细检查修改后就可以输入数控机床了，现代数控机床多使用键盘直接输入到机床的控制器里面。在通讯控制的数控机床上，程序可以由计算机接口传送。

4. 零件试加工

将编写好的加工程序输入数控系统，就可控制数控机床的加工工作。一般在正式加工之前，要对程序进行检验。通常可采用机床空运转的方式，检查机床动作和运动轨迹的正确性，以便检验程序。若是二维平面工作，也可以以笔代刀，以纸代工件来检验。在具有图形模拟显示功能的数控机床上，可通过显示走刀轨迹或模拟刀具对工件的切削过程，对程序进行检查。对于形状复杂和要求高的零件，也可采用铝件、塑料或石蜡等易切材料进行试切来检验程序。通过检查试件，不仅可确认程序是否正确，还可知道加工精度是否符合要求。若能采用与被加工零件材料相同的材料进行试切，则更能反映实际加工效果，当发现加工的零件不符合加工技术要求时，可修改程序或采取尺寸补偿等措施。

3.1.2 数控加工编程方法

数控加工编程的方法主要有手工编程和自动编程两种。

1. 手工编程

人工完成零件图分析、工艺处理、数值计算、编写程序清单、检验输入的过程称为手工编程。手工编程的特点：耗费时间较长，容易出现错误，无法胜任复杂形状零件的编程。

一般对几何形状不太复杂的零件，所需的加工程序不长，计算比较简单，用手工编程比较合适。若零件的轮廓形状不是由简单的线段和圆弧组成，此时，由于数值计算复杂，很难由手工完成，此时就只能借助计算机来自动编程了。

2. 自动编程

自动编程是指在编程过程中，除了分析零件图样和制定工艺方案由人工进行外，其余工作均由计算机辅助完成。采用计算机自动编程时，数学处理、编写程序、检验程序等工作是由计算机自动完成的，由于计算机可自动绘制出刀具中心运动轨迹，使编程人员可及时检查程序是否正确，需要时可及时修改，以获得正确的程序。又由于计算机自动编程代替程序编制人员完成了繁琐的数值计算，可提高编程效率几十倍乃至上百倍，因此解决了手工编程无法解决的许多复杂零件的编程难题。因而，自动编程的特点就在于编程工作效率高，可解决复杂形状零件的编程难题。根据输入方式的不同，可将自动编程分为图形数控自动编程、语言数控自动编程和语音数控自动编程等。

图形数控自动编程是指将零件的图形信息直接输入计算机，通过自动编程软件的处理，得到数控加工程序。目前，图形数控自动编程是使用最为广泛的自动编程方式。

语言数控自动编程指将加工零件的几何尺寸、工艺要求、切削参数及辅助信息等用数控语言编写成源程序后，输入到计算机中，再由计算机进一步处理得到零件加工程序。

语音数控自动编程是采用语音识别器，将编程人员发出的加工指令声音转变为加工程序。

3.1.3　数控编程的基础知识

数控加工程序的格式及组成。数控程序由若干个"程序段"组成，每个程序段由按照一定顺序和规定排列的"字"组成。"字"是由表示地址的英文字母、特殊文字和数字集合而成，表示某一功能的组代码符号。如 X500 为一个字，表示 X 向尺寸为 500；F20 为一个字，表示进给速度为 20（具体值由规定的代码方法决定）。字是控制程序的信息单位。程序段格式是指一个程序段中各字的排列顺序及其表达方式。

程序段格式有许多种，如固定顺序程序段格式，有分隔符的固定顺序程序段格式，以及字地址程序段格式等。现在应用最广泛的是"可变程序段、文字地址程序段"格式（word address format）。下面是这种格式的例子。

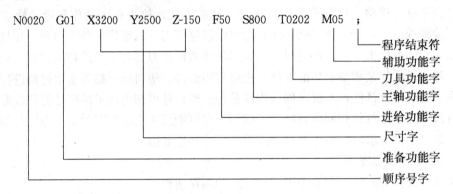

从上例可以看出，程序段由顺序号字、准备功能字、尺寸字、进给功能字、主轴功能字、刀具功能字、辅助功能字和程序结束符组成。此外，还有插补参数字等。每个字都由字母开头，称为"地址"。ISO 标准规定的地址意义如表 3.1 所示。

各个功能字的意义如下：

（1）程序段号（Sequence number）。用来表示程序从起动开始操作的顺序，即程序段执行的顺序号。它用地址码"N"和后面的四位数字表示。

（2）准备功能字（Preparatory function or G-function）。也称为 G 代码。准备功能是使数控装置作某种操作的功能，它一般紧跟在程序段序号后面，用地址码"G"和两数字来表示。

使用数控机床的厂家很多，每个厂家使用的 G 功能、M 功能与 ISO 标准也不完全相同，因此对于某一台数控机床，必须根据机床说明书的规定进行编程。

数控机床标准 G 代码（JB 3208—88），如表 3.2 所示。

（3）尺寸字。尺寸字是给定机床各坐标轴位移的方向和数据的，它由各坐标轴的地址代码、数字构成。尺寸字一般安排在 G 功能字的后面。尺寸字的地址代码，对于进给运动为：X、Y、Z、U、V、W、P、Q、R；对于回转运动的地址代码为：A、B、C、D、E。此外，还有插补参数字：I、J、K 等。

（4）进给功能字（Feed function or F-function）。它是给定刀具对于工件的相对速度，由地址码"F"和其后面的若干位数字构成。这个数字取决于每个数控装置所采用的进给速度指定方法。进给功能字应写在相应轴尺寸字之后，对于几个轴合成运动的进给功能字，应写在最后一个尺寸字之后。一般单位为 mm/min，切削螺纹时用 mm/r 表示，在英制单位中用英寸表示。

（5）主轴转速功能字（Spindle speed function or S-function）。主轴转速功能也称为 S 功能，该功能字用来选择主轴转速，它由地址码"S"和在其后面的若干位数字构成。主轴速度单位用 r/min 表示。

（6）刀具功能字（Tool function or T-function）。该功能也称为 T 功能，它由地址码"T"和后面的若干位数字构成。刀具功能字用于更换刀具时指定刀具或显示待换刀号，有时也能指定刀具位置补偿。

（7）辅助功能字（Miscellaneous function or M-function）。也称为 M 功能，该功能指定除 G 功能之外的种种"通断控制"功能。它一般用地址码"M"和后面的两数字表示。

数控机床标准 M 代码（JB 3208—88），如表 3.3 所示。

（8）程序段结束符（End of block）。每一个程序段结束之后，都应加上程序段结束符。";"是 FANUC 数控装置程序段结束符的简化符号。

表 3.1　　　　　　　　　　　　　　　**地 址 字 符 表**

字　符	意　义
A	关于 X 轴的角度尺寸
B	关于 Y 轴的角度尺寸
C	关于 Z 轴的角度尺寸
D	第二刀具功能，也有定为偏置号
E	第二进给功能
F	第一进给功能
G	准备功能字
H	暂不指定，有的定为偏置号
I	平行于 X 轴的插补参数或螺纹导程
J	平行于 Y 轴的插补参数或螺纹导程
K	平行于 Z 轴的插补参数或螺纹导程
L	不指定，有的定为固定循环返回次数，也有的定为子程序返回次数
M	辅助功能
N	顺序号
O	不用，有的定为程序编号
P	平行于 X 轴的第三尺寸，也有定为固定循环的参数
Q	平行于 Y 轴的第三尺寸，也有定为固定循环的参数
R	平行于 Z 轴的第三尺寸，也有定为固定循环的参数，圆弧半径等
S	主轴速度功能
T	第一刀具功能
U	平行于 X 轴的第二尺寸
V	平行于 Y 轴的第二尺寸
W	平行于 Z 轴的第二尺寸
X，Y，Z	基本尺寸

表 3. 2   **JB 3208—88 准备功能 G 代码**

代 码	功能保持到被取消或被同样字母表示的程序指令所代替	功能仅在所出现的程序段内有作用	功 能
G00	A		点定位
G01	A		直线插补
G02	A		顺时针方向圆弧插补
G03	A		逆时针方向圆弧插补
G04		*	暂停
G05	*	*	不指定
G06	A		抛物线插补
G07	*	*	不指定
G08		*	加速
G09		*	减速
G10～G16	*	*	不指定
G17	C		XY 平面选择
G18	C		ZX 平面选择
G19	C		YZ 平面选择
G20～G32	*	*	不指定
G33	A		螺纹切削,等螺距
G34	A		螺纹切削,增螺距
G35	A		螺纹切削,减螺距
G36～G39	*	*	永不指定
G40	D		刀具补偿/刀具偏置注销
G41	D		刀具补偿—左
G42	D		刀具补偿—右
G43	* (D)	*	刀具偏置—正
G44	* (D)		刀具偏置—负
G45	* (D)	*	刀具偏置＋/＋
G46	* (D)	*	刀具偏置＋/－
G47	* (D)	*	刀具偏置－/－
G48	* (D)	*	刀具偏置－/＋
G49	* (D)	*	刀具偏置 0/＋
G50	* (D)	*	刀具偏置 0/－
G51	* (D)	*	刀具偏置＋/0
G52	* (D)	*	刀具偏置－/0

续表

代　码	功能保持到被取消或被同样字母表示的程序指令所代替	功能仅在所出现的程序段内有作用	功　能
G53	F		直线偏移注销
G54	F		直线偏移 x
G55	F		直线偏移 y
G56	F		直线偏移 z
G57	F		直线偏移 xy
G58	F		直线偏移 xz
G59	F		直线偏移 yz
G60	H		准确定位 1（精）
G61	H		准确定位 2（中）
G62	H		快速定位（粗）
G63		*	攻丝
G64～G67	*	*	不指定
G68	*（D）	*	刀具偏置，内角
G69	*（D）	*	刀具偏置，外角
G70～G79	*		不指定
G80	E		固定循环注销
G81～G89	E		固定循环
G90	I		绝对尺寸
G91	I		增量尺寸
G92		*	预置寄存
G93	K		时间倒数，进给率
G94	K		每分钟进给
G95	K		主轴每转进给
G96	I		恒线速度
G97	I		每分钟转数（主轴）
G98～G99	*	*	不指定

注　1. * 号，如选作特殊用途，必须在程序格式中说明。

　　2. 如在直线切削控制中没有刀具补偿，则 G43 到 G52 可指定作其他用途。

　　3. 在表中第二列括号中的字母（D）表示，可以被同栏中没有括号的字母 D 所注销或代替，也可被有括号的字母（D）所注销或代替。

　　4. G45 到 G52 的功能可用于机床上任意两个预定的坐标。

　　5. 控制机上没有 G53 到 G59、G63 功能时，可以指定作其他用途。

表 3.3　　　　　　　　　　　　**JB 3208—88 辅助功能 M 代码**

代　码	功能作用范围	功　能	代　码	功能作用范围	功　能
M00	*	程序停止	M36	*	进给范围 1
M01	*	计划结束	M37	*	进给范围 2
M02	*	程序结束	M38	*	主轴速度范围 1
M03		主轴顺时针转动	M39	*	主轴速度范围 2
M04		主轴逆时针转动	M40～M45	*	齿轮换挡
M05		主轴停止	M46～M47	*	不指定
M06	*	换　刀	M48	*	注销 M49
M07		2 号冷却液开	M49	*	进给率修正旁路
M08		1 号冷却液开	M50	*	3 号冷却液开
M09		冷却液关	M51	*	4 号冷却液开
M10		夹　紧	M52～M54	*	不指定
M11		松　开	M55	*	刀具直线位移，位置 1
M12	*	不指定	M56	*	刀具直线位移，位置 2
M13		主轴顺时针，冷却液开	M57～M59	*	不指定
M14		主轴逆时针，冷却液开	M60		更换工作
M15	*	正运动	M61		工件直线位移，位置 1
M16	*	负运动	M62	*	工件直线位移，位置 2
M17～M18	*	不指定	M63～M70	*	不指定
M19		主轴定向停止	M71	*	工件角度位移，位置 1
M20～M29	*	永不指定	M72	*	工件角度位移，位置 2
M30	*	纸带结束	M73～M89	*	不指定
M31	*	互锁旁路	M90～M99	*	永不指定
M32～M35	*	永不指定			

注　标注 * 号表示非模态代码，未标注 * 号为模态代码。

3.2　数控机床坐标系

3.2.1　坐标轴

　　为了保证程序的通用性，国际标准化组织（ISO）对数控机床的坐标和方向制定了统一的标准。中国也针对 ISO 标准颁布了 JB 3051—1999《数字控制机床坐标和运动方向的命名》的标准，规定直线运动的坐标轴用 X、Y、Z 表示，围绕 X、Y、Z 轴旋转的圆周进给坐标轴分别用 A、B、C 表示，对坐标轴及运动方向规定的内容和原则是：

　　（1）刀具相对静止工件而运动的原则。

　　（2）标准坐标系各坐标轴之间的关系。

　　（3）机床某一部件运动的正反向是使刀具远离工件的方向。

1. 标准坐标系的规定

在数控机床中，机床直线运动的坐标轴 X，Y，Z 按照 ISO 和我国的 JB 3051—99 标准，规定成右手直角笛卡尔坐标系。三个回转运动 A，B，C 相应的表示其轴线平行于 X，Y，Z 的旋转运动，如图 3.2 所示。X，Y，Z 的正向是使工件尺寸增加的方向，即增大工件和刀具距离的方向。通常以平行于主轴的轴线为 Z 坐标（即 Z 坐标的运动由传递切削动力的主轴所规定），而 X 方向是水平的，并且平行于工件装卡面，最后 Y 坐标就可按右手笛卡儿坐标系来确定。旋转运动 A，B，C 的正向，相应的为在 X，Y，Z 坐标正方向上按照右旋螺纹前进的方向。上述规定是工件固定、刀具移动的情况。反之，若工件移动，则其正向分别用 X'，Y'，Z' 表示（见图 3.2 中的虚线）。通常是以刀具移动时的坐标正方向作为编程的正向。图 3.3 为数控车床及无升降台式数控铣床的坐标轴及其方向。

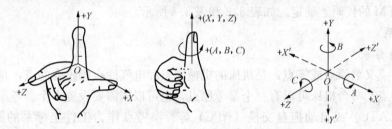

图 3.2　右手笛卡尔坐标系及旋转运动正方向的确定

2. 运动方向的确定

JB 3051—1999 中规定：机床某一部件运动的正方向，是增大工件和刀具之间距离的方向。

（1）Z 坐标的运动。Z 坐标的运动，是由传递切削力的主轴所决定，与主轴轴线平行的坐标轴即为 Z 坐标。对于车床、磨床等主轴带动工件旋转；对于铣床、钻床、镗床等主轴带着刀具旋转，那么与主轴平行的坐标轴即为 Z 坐标。如果机床没有主轴（如牛头刨床），Z 轴垂直于工件装卡面。

Z 坐标的正方向为增大工件与刀具之间距离的方向。如在钻镗加工中，钻入和镗入工件的方向为 Z 坐标的负方向，而退出为正方向。

（2）X 坐标的运动。X 坐标是水平的，它平行于工件的装卡面。这是在刀具或工件定位平面内运动的主要坐标。对于工件旋转的机床（如车床、磨床等），X 坐标的方向是在工件的径向上。刀具离开工件旋转中心的方向为 X 轴正方向。对于刀具旋转的机床（如铣床、镗床、钻床等），如 Z 轴是垂直

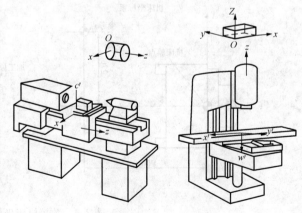

图 3.3　几种典型机床的坐标轴及正方向

的，当从刀具主轴向立柱看时，X 运动的正方向指向右，如 Z 轴（主轴）是水平的，当从主轴向工件方向看时，X 运动的正方向指向右方。

（3）Y 坐标的运动。Y 坐标轴垂直于 X、Z 坐标轴。Y 运动的正方向根据 X 和 Z 坐标的

正方向，按照右手直角笛卡尔坐标系来判断。

　（4）旋转运动 A、B 和 C。A、B 和 C 相应地表示其轴线平行于 X、Y 和 Z 坐标的旋转运动。A、B 和 C 的正方向，相应的表示在 X、Y 和 Z 坐标正方向上按照右旋螺纹前进的方向。

　（5）附加坐标。如果在 X、Y、Z 主要坐标以外，还有平行于它们的坐标，可分别指定为 U、V、W。如还有第三组运动，则分别指定为 P、Q 和 R。

　（6）对于工件运动时的相反方向。对于工件运动而不是刀具运动的机床，必须将前述为刀具运动所作的规定，作相反的安排。用带 "♯" 的字母，如＋X′，表示工件相对于刀具正向运动指令。而不带 "′" 的字母，如＋X，则表示刀具相对于工件的正向运动指令。二者表示的运动方向正好相反。对于编程人员、工艺人员只考虑不带 "′" 的运动方向。

　（7）主轴旋转运动的方向依照 JB 3208—88《数控机床穿孔带程序段格式中的准备功能 G 和辅助功能 M 的代码》确定。如表 3.2 和表 3.3 所示。

3.2.2　坐标系

　1. 机床坐标系

　所谓参考点又名原点或零点，是机床的机械原点和电气原点相重合的点，是原点复归后机械上固定的点。每台机床可以有一个参考原点，也可以据需要设置多个参考原点，用于自动刀具交换（ATC）或自动拖盘交换（APC）等。参考点作为工件坐标系的原始参照系，机床参考点确定后，各工件坐标系随之建立。

　所谓机械原点，是基本机械坐标系的基准点，机械零部件一旦装配完毕，机械原点随即确立。所谓电气原点，是由机床所使用的检测反馈元件所发出的栅点信号或零标志信号确立的参考点。为了使电气原点与机械原点重合，必须将电气原点到机械原点的距离用一个设置原点偏移量的参数进行设置。这个重合的点就是机床原点，如图 3.4 所示。在加工中心使用过程中，机床手动或者自动回参考点操作是经常进行的动作。不管机床检测反馈元件是配用增量式脉冲编码器还是绝对式脉冲编码器，在某些情况下，如进行 ATC 或 APC 过程中，机床某一轴或全部轴都要先回参考原点。

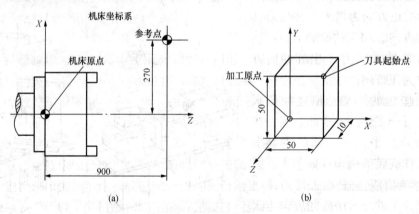

图 3.4　数控机床坐标系

(a) 数控车床机床原点；(b) 数控铣床的机床原点

　机床坐标系是机床固有的坐标系统，它是通过操作刀具或工件返回机床零点 M 的方法建立的。但是，在大多数情况下，当已装好刀具和工件时，机床的零点已不可能返回，因而需设参考点 R。机床参考点 R 是由机床制造厂家定义的一个点，R 和 M 的坐标位置关系是固定的，其位置参数存放在数控系统中。当数控系统启动时，都要执行返回参考点 R，由此建立各种坐标系。

参考点 R 的位置是在每个轴上用挡块和限位开关精确地预先确定好，参考点 R 多位于加工区域的边缘。

在绝对行程测量的控制系统中，参考点是没有必要的，因为每一瞬间都可以直接读出运动轴的准确坐标值。而在增量（相对）行程测量的控制系统中，设置参考点是必要的，它可用来确定起始位置。由此看出，参考点是用来对测量系统定标，用以校正、监督床鞍和刀具运动的测量系统。

多数数控机床都可以自动返回参考点 R。如果因断电使控制系统失去现有坐标值，则可返回参考点，并重新获得准确的位置值。

2. 工件坐标系

数控机床坐标系是进行设计和加工的基准，但有时利用机床坐标系编制零件的加工程序并不方便。如图 3.5 所示的零件。

如果以机床坐标系编程，编程前必须计算出 A、B、C、D 和 E 点相对机床零点 M 的坐标，这样做较繁琐。如果选择工件某一固定点为工件零点，如图中的 W 点，以工件零点为原点且平行于机床坐标轴 X、Y、Z 建立一个新坐标系，就称工件坐标系。如将图中的工件零点 W 与机床零点 M 之间的坐标值输入数控系统，就可用工件坐标系按图纸上标注的尺寸直接编程，给编程者带来方便。数控系统根据已输入的工件零点 W 相对机床零点 M 的坐标值和编程的尺寸，便自动计算出 A、B、C、D 和 E 各点相对机床零点的坐标值，这种处理方法称为工件坐标系的零点（原点）偏置（设置）。工件零点相对机床零点的坐标值称为零点偏置值。

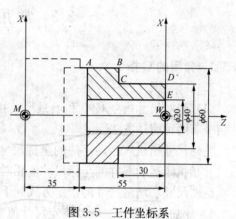

图 3.5　工件坐标系

工件零点 W 选择的原则：工件坐标系的零点是由操作者或编程者自由选择的，其选择的原则是：

（1）应使工件的零点与工件的尺寸基准重合。

（2）让工件图中的尺寸容易换算成坐标值，尽量直接用图纸尺寸作为坐标值。

（3）工件零点 W 应选在容易找到，在加工过程中便于测量的位置。

根据上述的原则，数控车床的工件零点 W 通常选在工件轮廓右侧边缘（如图 3.5 所示）或者左侧边缘的主轴轴线上。

3. 绝对坐标系与增量（相对）坐标系

在数控系统中，移动到一个坐标系的特定点运动可用绝对坐标系或增量（相对）坐标系描述。编写加工程序时，根据数控系统的坐标功能，从编程方便（即按零件图尺寸标注）及加工精度等要求出发选用坐标系。

在坐标系中，相对于坐标系的原点给出零件轮廓点位置的距离或角度称为绝对值尺寸，这个坐标系称为绝对坐标系。如图 3.6 (a) 所示，A、B 两点的坐标均以固定的坐标原点 o

计算的，其值为 A $(X_a=10，Y_a=12)$，B $(X_b=30，Y_b=37)$。

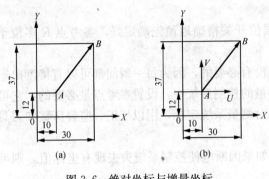

图 3.6　绝对坐标与增量坐标

(a) 绝对坐标；(b) 增量坐标

在坐标系中，坐标点的位置是由前一个位置算起的坐标增量值来表示距离或角度，而运动方向由其符号指定，称为增量值尺寸。如果是直线段轮廓，则相当于以直线的起点（前段程序的终点）为坐标原点作平行于工件坐标系各轴的平行线建立一个新坐标系，称为相对（增量）坐标系。如果是圆弧段轮廓，则相当于以圆弧的圆心为坐标原点建立起相对坐标系。

增量坐标常用 U、V、W 来表示。如图 3.6（b）所示，B 点相对于 A 点的坐标，即增量坐标为 $U=20$，$V=25$。

3.3　常用数控编程指令

3.3.1　常用的 G 指令

1. 坐标指令

（1）绝对尺寸指令 G90 和增量尺寸指令 G91。在加工程序中，绝对尺寸指令和增量尺寸指令有两种表达方法。

绝对尺寸指机床运动部件的坐标尺寸值相对于坐标原点给出，如图 3.6（a）所示。增量尺寸指机床运动部件的坐标尺寸值相对于前一位置给出，如图 3.6（b）所示。

绝对尺寸和增量尺寸的指定方式如下：

1）G 功能字指定。G90 指定尺寸值为绝对尺寸，G91 指定尺寸值为增量尺寸。这种表达方式的特点是同一条程序段中只能用一种，不能混用；同一坐标轴方向的尺寸字的地址符是相同的。如图 3.7 中 $P_1 \sim P_9$ 点的描述，P_8 至 P_9 的直线段加工的尺寸程序字可写成：G90 G01 X0.0 Y70.0。

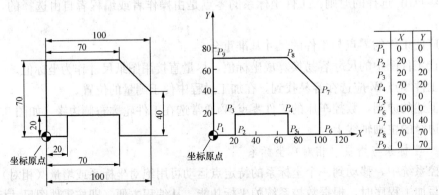

图 3.7　绝对指令 G90 与增量指令 G91

2）用尺寸字的地址符指定（车床部分使用）。绝对尺寸的尺寸字的地址符用 X、Y、Z，增量尺寸的尺寸字的地址符用 U、V、W。这种表达方式的特点是同一程序段中绝对尺寸和增量尺寸可以混用，这给编程带来很大方便。如图 3.7 中的 $P_1 \sim P_9$ 点的描述，P_8 至 P_9 的直线段尺寸程序字可写成：G91　G01　X-70.0　Y0.0，则 P_9 点的坐标值为 $X = -70.0$，$Y = 0.0$。

有些数控系统的增量值尺寸不用 G91 指令，而是在运动的起点建立平行 X、Y、Z 的相对坐标系 U、V、W，其程序用 G01 U＿ V＿ W＿表示，与用 G91 X＿ Y＿ Z＿等效。

在一个零件加工程序中，可以采用绝对值尺寸或者增量值尺寸，或者绝对值和增量值尺寸混合使用，这主要是使编程员编程时能方便地计算出程序段的尺寸数值。选用绝对坐标系还是相对坐标系编程，与零件图的尺寸标注方法有关。图 3.6 中零件尺寸为基准尺寸标注法，适宜用绝对值尺寸（G90），而图 3.7 中零件尺寸为链接尺寸（相对尺寸）标注法，适宜用增量值尺寸（G91）。

（2）预置寄存指令 G92。预置寄存指令是按照程序规定的尺寸字值，通过当前刀具所在位置来设定加工坐标系的原点。这一指令不产生机床运动。

编程格式：G92 X＿ Y＿ Z＿

格式中，X、Y、Z 的值是当前刀具位置相对于加工原点位置的值。

例 3-1　建立图 3.6（a）所示的加工坐标系：

当前的刀具位置点在 A 点时：G92 X10 Y12

当前的刀具位置点在 B 点时：G92 X30 Y37

注意：这种方式设置的加工原点是随刀具当前位置（起始位置）的变化而变化的。

（3）工作坐标系的选取指令 G54～G59。根据零件图样所标尺寸基点的相对关系和有关形位公差要求，为编程计算方便，有的数控系统用 G54～G59 预先设定 6 个工作坐标系，这些坐标系存储在机床存储器中，在机床重开机时仍然存在，在程序中可以分别选取其中之一使用。

G54，可以确定工作坐标系 1；

G55，可以确定工作坐标系 2；

G56，可以确定工作坐标系 3；

G57，可以确定工作坐标系 4；

G58，可以确定工作坐标系 5；

G59，可以确定工作坐标系 6。

6 个工作坐标系皆以机床原点为参考点，分别以各自与机床原点的偏移量表示，需要提前输入机床内部。

2. 快速点定位指令 G00

快速点定位指令控制刀具以点位控制的方式快速移动到目标位置，其移动速度由参数来设定。指令执行开始后，刀具沿着各个坐标方向同时按参数设定的速度移动，最后减速到达终点，如图 3.8（a）所示。注意：在各坐标方向上有可能不是同时到达终点。刀具移动轨迹是几条线段的组合，不是一条直线。例如，在 FANUC 系统中，运动总是先沿 45° 角的直线移动，最后再在某一轴单向移动至目标点位置，如图 3.8（b）所示。编程人员应了解所使用的数控系统的刀具移动轨迹情况，以避免加工中可能出现的碰撞。

编程格式：G00 X＿ Y＿ Z＿

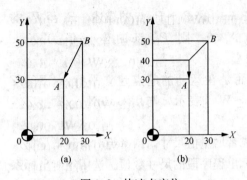

图 3.8　快速点定位

（a）同时到达终点；（b）单向移动至终点

绝对方式编程：G90 G01 X10 Y10 F100

增量方式编程：G91 G01 X−10 Y−20 F100

4. 圆弧插补指令 G02 G03

G02 为按指定进给速度的顺时针圆弧插补，G03 为按指定进给速度的逆时针圆弧插补。

圆弧顺逆方向的判别：沿着不在圆弧平面内的坐标轴，由正方向向负方向看，顺时针方向 G02，逆时针方向 G03，如图 3.10 所示。

各平面内圆弧情况见图 3.11，图 3.11（a）表示 XY 平面的圆弧插补，图 3.11（b）表示 ZX 平面圆弧插补，图 3.11（c）表示 YZ 平面的圆弧插补。

格式中，X、Y、Z的值是快速点定位的终点坐标值。

例 3 - 2　如图 3.8 所示，从 B 点到 A 点快速移动的程序段为：G90 G00 X20 Y30

3. 直线插补指令 G01

直线插补指令用于产生按指定进给速度 F 实现的空间直线运动。

程序格式：G01 X __ Y __ Z __ F __

格式中，X、Y、Z的值是直线插补的终点坐标值。

例 3 - 3　实现图 3.9 中从 A 点到 B 点的直线插补运动，其程序段为：

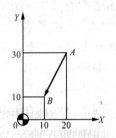

图 3.9　直线插补运动

程序格式：

XY 平面：

G17 G02 X __ Y __ I __ J __ （R __ ）F __

G17 G03 X __ Y __ I __ J __ （R __ ）F __

ZX 平面：

G18 G02 X __ Z __ I __ K __ （R __ ）F __

G18 G03 X __ Z __ I __ K __ （R __ ）F __

YZ 平面：

G19 G02 Z __ Y __ J __ K __ （R __ ）F __

G19 G03 Z __ Y __ J __ K __ （R __ ）F __

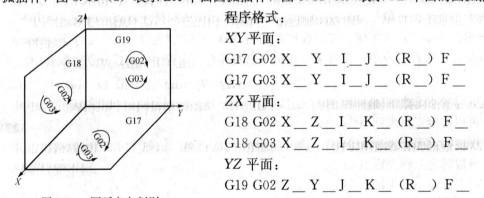

图 3.10　圆弧方向判别

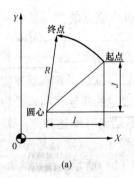
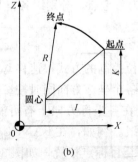
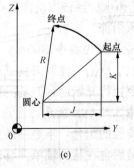

图 3.11　各平面内圆弧情况

（a）XY 平面圆弧；（b）ZX 平面圆弧；（c）YZ 平面圆弧

其中，X、Y、Z 的值是指圆弧插补的终点坐标值；I、J、K 是指圆弧起点到圆心的增量坐标，与 G90，G91 无关；R 为指定圆弧半径，当圆弧的圆心角≤180°时，R 值为正，当圆弧的圆心角＞180°时，R 值为负。

例 3-4 在图 3.12 中，当圆弧的起点为 P_1，终点为 P_2，圆弧插补程序段为：

G02 X321.65 Y280 I40 J140 F50

或：G02 X321.65 Y280 R.145.6 F50

当圆弧的起点为 P_2，终点为 P_1 时，圆弧插补程序段为：

G03 X160 Y60 I-121.65 J-80 F50

或：G03 X160 Y60 R-145.6 F50

3.3.2 常用的 M 指令介绍

M 指令是控制数控机床"开、关"功能的指令，主要用于完成加工操作时的辅助动作。M 指令有模态和非模态之分，常用 M 指令的功能及应用如下：

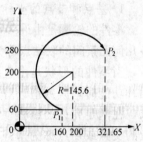

图 3.12 圆弧插补应用

(1) 程序停止。

指令：M00

功能：执行完包含 M00 的程序段后，机床停止自动运行，此时所有存在的模态信息保持不变，用循环启动使自动运行重新开始。

(2) 选择停止。

指令：M01

功能：与 M00 类似，执行完包含 M01 的程序段后，机床停止自动运行，只是当机床操作面板上的选择停开关压下时，这个代码才有效。

(3) 主轴正转、反转、停止。

指令：M03、M04、M05

功能：M03、M04 可使主轴正、反转，与同段程序其他指令一起开始执行。M05 指令可使主轴在该程序段其他指令执行完成后停止转动。

格式：M03 S__

M04 S__

M05

(4) 冷却液开、关。

指令：M08、M09

功能：M08 表示开启冷却液，M09 表示关闭冷却液。

(5) 程序结束。

指令：M02 或 M30

功能：该指令表示主程序结束，同时机床停止自动运行。CNC 装置复位。M30 还可使控制返回到程序的开始，故程序结束使用 M30 比 M02 方便些。

说明：该指令必须编在最后一个程序段中。

3.4　数控编程中的数学处理

根据所加工零件的图纸，按照已经确定好了的、加工路线所允许的误差，计算数控编程所需要的数据的过程称为数控编程中的数学处理。数学处理的工作量的大小随被加工零件的形状、加工内容、数控系统的功能的不同而不同。

3.4.1　数值计算的内容

对零件图形进行数学处理是编程前的一个关键性的环节。数值计算主要包括以下内容。

1. 基点和节点的坐标计算

零件的轮廓是由许多不同的几何元素组成。如直线、圆弧、二次曲线及列表点曲线等。各几何元素间的联结点称为基点，显然，相邻基点间只能是一个几何元素。

当零件的形状是由直线段或圆弧之外的其他曲线构成，而数控装置又不具备该曲线的插补功能时，其数值计算就比较复杂。将组成零件轮廓曲线，按数控系统插补功能的要求，在满足允许的编程误差的条件下，用若干直线段或圆弧来逼近给定的曲线，逼近线段的交点或切点称为节点。编写程序时，应按节点划分程序段。逼近线段的近似区间愈大，则节点数目愈少，相应的程序段数目也会减少，但逼近线段的误差 d 应小于或等于编程允许误差 $d_允$，即 $d \leqslant d_允$。考虑到工艺系统及计算误差的影响，$d_允$ 一般取零件公差的 $1/5 \sim 1/10$。

2. 刀位点轨迹的计算

刀位点是标志刀具所处不同位置的坐标点，不同类型刀具的刀位点不同。对于具有刀具半径补偿功能的数控机床，只要在编写程序时，在程序的适当位置写入建立刀具补偿的有关指令，就可以保证在加工过程中，使刀位点按一定的规则自动偏离编程轨迹，达到正确加工的目的。这时可直接按零件轮廓形状，计算各基点和节点坐标，并作为编程时的坐标数据。

当机床所采用的数控系统不具备刀具半径补偿功能时，在编程时，需对刀具的刀位点轨迹进行数值计算，按零件轮廓的等距线编程。

3. 辅助计算

辅助程序段是指刀具从对刀点到切入点或从切出点返回到对刀点而特意安排的程序段。切入点位置的选择应依据零件加工余量而定，一般要求适当离开零件一段距离。切出点位置的选择，应避免刀具在快速返回时发生撞刀。使用刀具补偿功能时，建立刀补的程序段应在加工零件之前写入，加工完成后应取消刀具补偿。某些零件的加工，要求刀具"切向"切入和"切向"切出。以上程序段的安排，在绘制走刀路线时，即应明确地表达出来。数值计算时，按照走刀路线的安排，计算出各相关点的坐标。

3.4.2　基点坐标的计算

零件轮廓或刀位点轨迹的基点坐标计算，一般采用代数法或几何法。代数法是通过列方程组的方法求解基点坐标，这种方法虽然已根据轮廓形状，将直线和圆弧的关系归纳成若干种方式，并变成标准的计算形式，方便了计算机求解，但手工编程时若采用代数法进行数值计算还是比较繁琐。根据图形间的几何关系利用三角函数法求解基点坐标，计算比较简单、方便，与列方程组解法比较，工作量明显减少。要求重点掌握三角函数法求解基点坐标。

对于由直线和圆弧组成的零件轮廓，采用手工编程时，常利用直角三角形的几何关系进行基点坐标的数值计算，图 3.13 为直角三角形的几何关系，三角函数计算公式列于表 3.4 中。

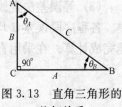

图 3.13　直角三角形的
几何关系

表 3.4　　　　　　　　　　　　直角三角形中的几何关系

已知角	求相应的边	已知边	求相应的角
θ_A	$A/C = \sin\theta_A$	$A,\ C$	$\theta_A = \sin^{-1}(A/C)$
θ_A	$B/C = \cos\theta_A$	$B,\ C$	$\theta_A = \cos^{-1}(B/C)$
θ_A	$A/B = \tan\theta_A$	$A,\ B$	$\theta_A = \tan^{-1}(A/B)$
θ_B	$B/C = \sin\theta_B$	$B,\ C$	$\theta_B = \sin^{-1}(B/C)$
θ_B	$A/C = \cos\theta_B$	$A,\ C$	$\theta_B = \cos^{-1}(A/C)$
θ_B	$B/A = \tan\theta_B$	$B,\ A$	$\theta_B = \tan^{-1}(B/A)$
勾股定理	$C^2 = A^2 + B^2$	三角形内角和	$\theta_A + \theta_B + 90° = 180°$

3.4.3　非圆曲线节点坐标的计算

1. 非圆曲线节点坐标计算的主要步骤

数控加工中把除直线与圆弧之外可以用数学方程式表达的平面轮廓曲线，称为非圆曲线。其数学表达式可以用直角坐标的形式给出，也可以是以极坐标形式给出，还可以是以参数方程的形式给出。通过坐标变换，后面两种形式的数学表达式，可以转换为直角坐标表达式。非圆曲线类零件包括平面凸轮类、样板曲线、圆柱凸轮以及数控车床上加工的各种以非圆曲线为母线的回转体零件等。其数值计算过程，一般可按以下步骤进行。

（1）选择插补方式。即应首先决定是采用直线段逼近非圆曲线，还是采用圆弧段或抛物线等二次曲线逼近非圆曲线。

（2）确定编程允许误差，即应使 $d \leqslant d_允$。

（3）选择数学模型，确定计算方法。在决定采取什么算法时，主要应考虑的因素有两条，其一是尽可能按等误差的条件，确定节点坐标位置，以便最大限度地减少程序段的数目；其二是尽可能寻找一种简便的算法，简化计算机编程，省时快捷。

（4）根据算法，画出计算机处理流程图。

（5）用高级语言编写程序，上机调试程序，并获得节点坐标数据。

2. 常用的算法

用直线段逼近非圆曲线，目前常用的节点计算方法有等间距法、等程序段法、等误差法和伸缩步长法；用圆弧段逼近非圆曲线，常用的节点计算方法有曲率圆法、三点圆法、相切圆法和双圆弧法。

（1）等间距直线段逼近法：等间距法就是将某一坐标轴划分成相等的间距。如图 3.14 所示。

（2）等程序段法直线段逼近的节点计算：等程序段法就是使每个程序段的线段长度相等。如图 3.15 所示。

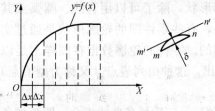

图 3.14　等间距直线段逼近法

（3）等误差法直线段逼近得的节点计算：等误差法是任意相邻两节点间的逼近误差为等误差。各程序段误差 d 均相等，程序段数目最少。但计算过程比较复杂，必须由计算机辅助才能完成计算。在采用直线段逼近非圆曲线的拟合方法中，是一种较好的拟合方法。

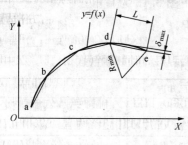

图 3.15　等程序段法直线段逼近

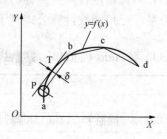

图 3.16　等误差法直线段逼近

（4）曲率圆法圆弧逼近的节点计算：曲率圆法是用彼此相交的圆弧逼近非圆曲线。其基本原理是从曲线的起点开始，作与曲线内切的曲率圆，求出曲率圆的中心。如图 3.17 所示。

（5）三点圆法圆弧逼近的节点计算：三点圆法是在等误差直线段逼近求出各节点的基础上，通过连续三点作圆弧，并求出圆心点的坐标或圆的半径，如图 3.18 所示。

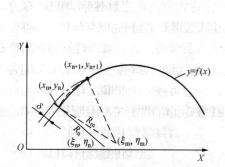

图 3.17　曲率圆法圆弧段逼近

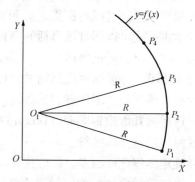

图 3.18　三点圆法圆弧段逼近

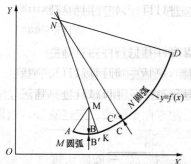

图 3.19　相切圆法圆弧段逼近

（6）相切圆法圆弧逼近的节点计算：采用相切圆法，每次可求得两个彼此相切的圆弧，由于在前一个圆弧的起点处与后一个终点处均可保证与轮廓曲线相切，因此，整个曲线是由一系列彼此相切的圆弧逼近实现的。可简化编程，但计算过程烦琐，如图 3.19 所示。

3.4.4　列表曲线型值点坐标的计算

实际零件的轮廓形状，除了可以用直线、圆弧或其他非圆曲线组成之外，有些零件图的轮廓形状是通过实验或测量的方法得到的。零件的轮廓数据在图样上是以坐标点的表格形式给出，这种由列表点（又称为型值点）给出的轮廓曲线称为列表曲线。

在列表曲线的数学处理方面，常用的方法有牛顿插值法、三次样条曲线拟合、圆弧样条拟合与双圆弧样条拟合等。由于以上各种拟合方法在使用时，往往存在着某种局限性，目前处理列表曲线的方法通常是采用二次拟合法。

为了在给定的列表点之间得到一条光滑的曲线，对列表曲线逼近一般有以下要求：

1）方程式表示的零件轮廓必须通过列表点。

2）方程式给出的零件轮廓与列表点表示的轮廓凹凸性应一致，即不应在列表点的凹凸性之外再增加新的拐点。

3）光滑性。为使数学描述不过于复杂，通常一个列表曲线要用许多参数不同的同样方程式来描述，希望在方程式的两两连接处有连续的一阶导数或二阶导数，若不能保证一阶导数连续，则希望连接处两边一阶导数的差值应尽量小。

3.4.5 数控车床使用假想刀尖点时的偏置计算

在数控车削加工中，为了对刀的方便，总是以"假想刀尖"点来对刀。所谓假想刀尖点，是指图 3.20（a）中 M 点的位置。由于刀尖圆弧的影响，仅仅使用刀具长度补偿，而不对刀尖圆弧半径进行补偿，在车削锥面或圆弧面时，会产生欠切的情况，如图 3.21 所示。

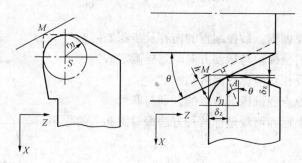

图 3.20　假想刀尖点编程时的补偿计算

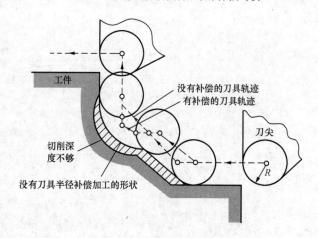

图 3.21　欠切与过切现象

3.4.6 简单立体型面零件的数值计算

用球头刀或圆弧盘铣刀加工立体型面零件，刀痕在行间构成了被称为切残量的表面不平度 h，又称为残留高度。残留高度对零件的加工表面质量影响很大，须引起注意。如图 3.22 所示。

数控机床加工简单立体型面零件时，数控系统要有三个坐标控制功能，但只要有两坐标连续控制（两坐标联动），就可以加工平面曲线。刀具沿 Z 方向运动时，不要求 X、Y 方向也同时运动。这种用行切法加工立体型面时，三坐标运动、两坐标联动的加工编程方法称为两轴半联动加工。

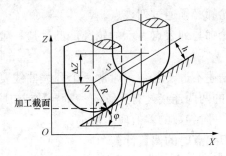

图 3.22　行距与切残量的关系

思 考 题 与 习 题

3-1　什么是数控编程？数控编程的内容及步骤如何？

3-2　数控机床的坐标轴与运动方向时怎样确定的？

3-3　绝对坐标及相对坐标有何区别？

3-4　试述机床原点和机床参考点的区别与联系。

3-5　试用绝对坐标和增量坐标两种方法编写图 3.7 的程序。

第4章　数控车床的编程与加工

本章要点

➤数控车床加工的基础知识
➤数控车床编程的基础知识
➤数控车床编程的基本方法
➤数控车床加工实例

4.1　数控车床加工的基础知识

4.1.1　数控车床的用途

车削加工一般是通过工件旋转和刀具进给完成切削过程的，其主要加工对象是回转体零件。由于数控车床是自动完成内外圆柱面、圆锥面、圆弧面、端面、螺纹等工序的切削加工，所以数控车床特别适合加工形状复杂的轴类或盘类零件。

4.1.2　数控车床的分类

（1）按主轴的布置形式分类。

1）卧式数控车床：机床主轴轴线处于水平位置的数控车床。

2）立式数控车床：机床主轴轴线处于垂直位置的数控车床。

（2）按数控系统控制的轴数分类。

1）两轴控制的数控车床：机床上只有一个回转刀架，可实现 X、Z 坐标轴联动控制。

2）四轴控制数控车床：机床上只有两个回转刀架，可实现 X、Z 和 U、W 四坐标轴联动控制。

3）多轴控制数控车床：机床除了控制 X、Z 两坐标轴外，还可以控制其他坐标轴，实现多轴控制，如具有 C 轴控制功能。车削加工中心或柔性制造单元，都具有多轴控制功能。

4.1.3　数控车床加工的特点

（1）适应性强，用于单件、小批量生产的零件的加工。在普通车床上加工不同的零件，一般需要调整车床和附件，以使车床适应加工理念构建的要求。而数控车床加工不同形状的零件时只要重新编制或修改加工程序就可以迅速达到加工要求，大大缩短了生产准备时间。

（2）加工精度高，加工出的零件互换性好。数控车床加工的尺寸精度通常在 $0.005\sim0.1$mm 之间，不受零件复杂程度的影响。加工中消除了操作者的人为误差，提高了同批零件尺寸的一致性，使产品质量保持稳定，降低了废品率。

（3）具有较高的生产率和较低的加工成本。机床的生产率主要是指加工一个零件所需要的时间，其中包括机动时间和辅助时间。数控车床的主轴转速和进给速度变化范围大，并可无级调速；加工时刻选用最佳切削速度和进给速度，可实现恒转速和恒线速，以使切削参数最优，这就大大地提高了生产率，降低了加工成本。

4.1.4　数控系统简介

数控系统是数控机床的核心，不同数控机床可能配置不同的数控系统。不同的数控系统，其指令代码也有差别。因此，编程时应根据所使用的数控系统指令代码及格式进行编程。

目前 FANUC（日本）、SIEMENS（德国）等公司的数控产品，在数控机床行业占据主导地位，我国数控产品以华中数控、航天数控为代表，也已形成高性能数控系统产业。本章以 FANUC 数控系统为主来介绍数控车削编程。

4.2　数控车床编程的基础知识

4.2.1　穿孔带和代码

数控机床的信息读入方式有两种：一是手动输入方式；二是自动输入方式。因此作为数控机床信息载体的控制介质也有两类：一类是自动输入时的穿孔带、穿孔卡片、磁带、磁盘等；另一类是控制台手动输入时的键盘、波段开关、手动数据输入（MDI）等。穿孔带由于有机械的固定代码孔，不易受环境（如磁场）的影响，便于长期保存和重复使用，且程序的存储量大，故至今仍是许多数控机床常用的信息输入方式。

4.2.2　数控车床的坐标系、工件坐标系、机床参考点

1. 数控车床的坐标系

数控车床的坐标系中规定：主轴方向为 Z 轴方向，且刀具远离工件为正（远离卡盘的方向）；垂直主轴方向的为 X 轴的方向，且刀具远离工件为正（刀架前置 X 轴的正方向朝前，刀架后置 X 轴的正方向朝后）；数控机床坐标系原点也称机械原点，是一个固定点，其位置由制造厂家来确定。数控车床坐标系原点一般位于卡盘端面与主轴轴线的交点上（个别数控车床坐标系原点位于正的极限点上）。

2. 工件坐标系

工件坐标系是编程人员根据零件图形形状特点和尺寸标注的情况，为了方便计算出编程的坐标值而建立的坐标系。工件坐标系的坐标轴方向必须与机床坐标系的坐标轴方向彼此平行，方向一致。数控车削零件的工件坐标系原点一般位于零件右端面或左端面与轴线的交点上。

3. 机床参考点

机床参考点是由机床限位行程开关和基准脉冲来确定的，它与机床坐标系原点有着确定的位置关系。数控车床的参考点一般位于行程的正极限点上，机床通常通过返回参考点的操作来找到机械原点。所以，开机后、加工前首先要进行返回参考点的操作。

4.2.3　程序段格式

在编制数控机床程序时，首先要根据机床的脉冲当量确定坐标值，然后根据其程序段格式编制数控程序。所谓程序段，就是指为了完成某一动作要求所需的功能"字"的组合。"字"是表示某一功能的一组代码符号，如 $X\,2500$ 为一个字，表示 X 向尺寸为2500；F20 为一个字，表示进给速度为 20。程序段格式是指一个程序段中各字的排列顺序及其表达形式。

常用的程序段格式有三种，即固定顺序程序段格式、带有分隔符的固定顺序程序段格式和字地址程序段格式。由于程序段是由功能"字"组成的，因此，以下先介绍常用功能字，然后再介绍程序段格式。

一个程序段中，除了由地址符 N 为首的三位数组成的序号字（N×××）外，常用的功能字有：准备功能字 G；坐标功能字 X、Y、Z；辅助功能字 M；进给功能字 F；主轴转速功能字 S 和刀具功能字 T 等。

1. 准备功能字

准备功能字以地址符 G 为首，后跟二位数字（G00～G99）。ISO 1056 标准对准备功能字 G 的规定见表 4.1。我国的标准为 JB 3208—1983，其规定 ISO 1056—1975（E）等效。这些准备功能包括：坐标移动或定位方法的指定；插补方式的指定；平面的选择；螺纹、攻丝、固定循环等加工的指定；对主轴或进给速度的说明；刀具补偿或刀具偏置的指定等。当设计一个机床数控系统时，要在标准规定的 G 功能中选择一部分与本系统相适应的准备功能，作为硬件设计及程序编制的依据。标准中那些"不指定"的准备功能，必要时可用来规定为本系统特殊的准备功能。

表 4.1   FANUC 0i 数控车床 G 代码表

G 代码	组	功　能
G00		定位（快速移动）
G01	1	直线插补
G02		圆弧插补（CW，顺时针）
G03		圆弧插补（CCW，逆时针）
G04		暂停
G10	0	可编程数据输入
G11		取消可编程数据输入
G12.1	21	极坐标插补模式
G13.1		取消极坐标插补模式
G20	6	英制输入
G21		米制输入
G22	9	存储行程检查
G23		存储行程检查功能取消
G27	0	返回参考点检查
G28		返回到参考点
G29		从参考点返回
G30	0	回到第 2、3、4 参考点
G31		跳跃功能
G32	1	螺纹切削
G34		变螺距螺纹切削
G36	0	自动刀具补偿 X
G37		自动刀具补偿 Z
G40		取消刀尖半径偏置
G41	7	刀尖半径偏置（左侧）
G42		刀尖半径偏置（右侧）

G 代码	组	功　能
G50	0	主轴最高转速设置（坐标系设定）
G50.3		工件坐标系预置
G50.2	20	取消多边形车削
G51.2		多边形车削
G52	0	局部坐标系设定
G53		机床坐标系设定
G54	14	选择工件坐标系 1
G55		选择工件坐标系 2
G56		选择工件坐标系 3
G57		选择工件坐标系 4
G58		选择工件坐标系 5
G59		选择工件坐标系 6
G65	12	宏程序调用
G66		宏程序模态调用
G67		取消宏程序模态调用
G70	0	精加工循环
G71		内外径粗切循环
G72		端面粗切循环
G73		固定形状粗切复合循环
G74		端面深孔钻削循环
G75		内、外径钻削循环
G76		螺纹切削复合循环
G80	10	固定循环取消
G83		端面钻孔循环
G84		端面攻丝循环
G85		正面镗循环
G86		端面镗孔循环
G87		侧钻循环
G88		侧攻丝循环
G89		侧镗循环
G90	1	内外圆切削循环
G92		切螺纹循环
G94		端面切削循环
G96	2	恒线速度控制
G97		恒线速度控制取消
G98	5	指定每分钟移动量
G99		指定每转移动量

2. 坐标功能字

坐标功能字（又称为尺寸字）用来设定机床各坐标之间位移量。它一般使用 X、Y、Z、U、V、W、P、Q、R、A、B、C、D、E 等地址符为首，在地址符后紧跟着"＋"（正）或

"—"（负）及一串数字，该数字一般以系统脉冲当量为单位，不使用小数点。一个程序段中有多个尺寸字时，一般按上述地址符顺序排列。

3. 进给功能字

进给功能字用来指定刀具相对工件运动的速度，其单位一般为 mm/min。当进给速度与主轴转速有关时，如车螺纹、攻丝等，使用的单位为 mm/r。进给功能字以地址符"F"为首，其后跟一串数字代码，具体有以下几种指定方法。

（1）三位数代码法：F 后跟三位数字，第一位为进给速度的整数位加上"3"，后两位是进给速度的前两位有效数字。如 1728mm/min 的进给速度用 F717 指定；15.25mm/min 的进给速度用 F515 指定；0.153 7mm/min 的进给速度用 F315 指定等。

（2）二位数代码法：对于 F 后跟的二位数字代码，规定了与 00～99 相对应的速度表，除 00 与 99 外，数字代码由 01 向 98 递增时，速度是按等比关系上升的。比例系数为 10 的 20 次方根（≈1.12），即相邻的后一速度比前一速度增加约 12%。如 F20 为 10mm/min，F21 为 11.2mm/min，F54 为 50mm/min，F55 为 560mm/min 等。F00～F99 的进给速度对照关系见表 4.2。

表 4.2 二位数码法进给速度对照表 (mm/min)

代码	速度	代码	速度	代码	速度	代码	速度	代码	速度
00	停	20	10.0	40	100	60	1 000	80	10 000
01	1.12	21	11.2	41	112	61	1 120	81	11 200
02	1.25	22	12.5	42	125	62	1 250	82	12 500
03	1.40	23	14.0	43	140	63	1 400	83	14 000
04	1.60	24	16.0	44	160	64	1 600	84	16 000
05	1.80	25	18.0	45	180	65	1 800	85	18 000
06	2.00	26	20.0	46	200	66	2 000	86	20 000
07	2.24	27	22.4	47	224	67	2 240	87	22 400
08	2.50	28	25.0	48	250	68	2 500	88	25 000
09	2.80	29	28.0	49	280	69	2 800	89	28 000
10	3.15	30	31.5	50	315	70	3 150	90	31 500
11	3.55	31	35.5	51	355	71	3 550	91	35 500
12	4.00	32	40.0	52	400	72	4 000	92	40 000
13	4.50	33	45.0	53	450	73	4 500	93	45 000
14	5.00	34	50.0	54	500	74	4 500	94	50 000
15	5.60	35	56.0	55	560	75	5 600	95	56 000
16	6.30	36	63.0	56	630	76	6 300	96	63 000
17	7.10	37	71.0	57	710	77	7 100	97	71 000
18	8.00	38	80.0	58	800	78	8 000	98	80 000
19	9.00	39	90.0	59	900	79	9 000	99	高速

（3）一位数代码法：对于速度挡较少的数控机床可用 F 后跟一位数字，即 0～9 来对应 10 种预定的速度。

（4）直接指定法：像尺寸字中的坐标位移量一样，在 F 后面按照预定的单位直接写上要求的进给速度。

4. 主轴速度功能字

主轴速度功能字用来指定主轴速度，单位为 r/min，它以地址符 S 为首，后跟一串数字。它与 F 为首的进给功能字一样可采用三位、二位、一位数字代码法或直接指定法。数字的意义、分挡办法及对照表与进给功能字通用，只是单位改为 r/min。

5. 刀具功能字

当系统具有换刀功能时，刀具功能字用以选择替换的刀具。刀具功能字以地址符 T 为首，其后一般跟四位数字，其中前两位为刀具号，后两位为既是刀具长度补偿号，又是刀尖圆弧半径补偿号。

6. 辅助功能字

辅助功能字以地址符 M 为首，其后跟两位数字（M00～M99）。这些辅助功能包括：指定主轴的转向与启停；指定系统冷却液的开与停；指定机械的夹紧与松开；指定工作台等的固定直线与角位移；说明程序停止或纸带结束等。标准中一些不指定的辅助功能可选作特殊用途。当设计一个机床数控系统时，要在标准规定的 M 代码（见表 4.3）中选择一部分本系统所需要的辅助功能代码，作为有关部分线路设计及将来程序编制的依据。

表 4.3　　　　　　　　　　　　　　　辅 助 功 能 指 令 表

代码	功 能	代码	功 能	代码	功 能
M00	程序停止	M10	车螺纹 45°退刀	M42	主轴齿轮在高速位置
M01	选择性程序停止	M11	车螺纹直退刀	M68	液压卡盘夹紧
M02	程序结束	M12	误差检测	M69′	液压卡盘松开
M03	主轴正转	M13	误差检测取消	M78	尾架前进
M04	主轴反转	M19	主轴准停	M79	尾架后退
M05	主轴停	M20	ROBOT 工作启动	M94	镜像取消
M06	换刀	M30	纸带结束	M95	X 坐标镜像
M08	切削液启动	M40	主轴齿轮在中间位置	M98	子程序调用
M09	切削液停	M41	主轴齿轮在低速位置	M99	子程序结束

4.2.4　数控车削的编程特点

数控车削的编程具有如下特点：

（1）既可以采用直径编程也可以采用半径编程，其结果由车床数控系统的内部参数或 G 指令来决定。所谓直径编程，就是 X 坐标采用直径值编程；半径编程，就是 X 坐标采用半径值来编程。一般情况都采用直径编程，这是因为回转体零件图纸的径向标注尺寸和加工时的测量值都是直径值，便于编程计算。

（2）FANUC 数控系统的数控车床，是用地址符来指令坐标输入形式的，既可以采用绝对坐标编程也可以采用增量坐标编程，还可以采用混合编程。X、Z 表示绝对坐标，U、W 表示增量坐标，$X(U)$、$Z(W)$ 表示混合坐标。有些数控系统（如华中数控系统）的数控车床是用 G 代码来指令坐标输入形式的（G90 为绝对坐标，G91 为增量坐标），在同一程序段内不能采用混合坐标编程。

（3）具有固定循环加工功能。由于车削的毛坯多为棒料、锻件或铸件，加工余量较大，需要多次走刀加工，而固定循环加工功能可以自动完成多次走刀，因而使程序得到了大大的简化。但不同的数控系统固定循环加工功能的指令及格式可能不同。FANUC 数控系统的数控车床固定循环加工功能的指令为 G90、G92、G94、G70、G71、G72、G73 等。

（4）圆弧顺逆的判断。圆弧的顺逆应从垂直于圆弧所在平面的坐标轴正向观察判断，顺时针走向的圆弧为顺圆弧，逆时针走向的圆弧为逆圆弧。

4.3　数控车床编程的基本方法

1. 坐标系设定

工件坐标系设定 G50，该指令规定刀具起刀点距工件原点的距离。坐标值 α、β 为刀位点在工件坐标系中的起始点（即起刀点）位置。如图 4.1 所示，假设以工件右端面的中心为工件原点，则刀尖的起始点距工件原点的 X 向尺寸和 Z 向尺寸分别为 α（直径值）和 β，则执行程序段 G50 后，系统内部即对 α、β 进行记忆，并显示在面板显示器上，就相当于系统内部建立了一个以工件原点为坐标原点的工件坐标系。

编程格式：G50 X __ Z __；

2. 快速定位指令 G00

G00 指令命令刀具以点定位控制方式从刀具所在点快速运动到下一个目标位置，它只是快速定位，而无运动轨迹要求，也无切削加工过程。

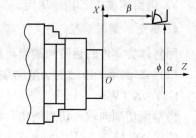

图 4.1　工件坐标系设定

编程格式：G00X（U）__ Z（W）__；

采用绝对编程时，刀具分别以各轴快速进给速度移动到工件坐标系中坐标值为 X、Z 的点上；采用增量编程时，则刀具移动到距始点（当前点）距离为 U、W 值的点上。

注意的事项有：

1）G00 为模态指令；

2）移动速度不能用程序指令设定，由厂家预调；

3）G00 的执行过程：刀具由程序起始点加速到最大速度，然后快速移动，最后减速到终点，实现快速点定位；

4）刀具的实际运动路线不是直线，而是折线，这与参数设定的各轴快速进给速度及实际移动距离有关。使用时注意刀具是否和工件发生干涉。

3. 直线插补 G01

G01 指令是直线运动的命令，规定刀具在两坐标间以插补联动方式按指定的 F 进给速度作任意斜率的直线运动。

编程格式：G01 X（U）__ Z（W）__ F __；

采用绝对编程时，刀具以 F 指令的进给速度进行直线插补，运动到坐标值为 X、Z 的点

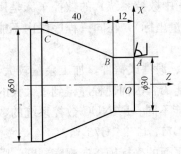

图 4.2　直线插补实例

上；采用增量编程时，刀具则移至距当前点（始点）的距离为 U、W 值的点上。其中 F 代码是进给路线的进给速度指令代码。

例 4 - 1　如图 4.2 所示：

使用绝对编程时：从 A→B→C

N10　　G01 Z-12.0 F0.3；

N20　　X50.0 Z-52.0；

使用增量编程时：从 A→B→C

N10　　G01 W-12.0 F0.3；

N20　　U20.0 W-40.0；

使用混合编程时：从 A→B→C

N10　　G01 Z-12.0 F0.3；

N20　　X50.0 W-40.0；

注意事项：

1）G01 为模态指令。

2）G01 指令后的坐标值取绝对值编程还是取增量值编程，由尺寸字决定。

3）进给速度由 F 指令决定。

4. 倒角、倒圆编程

回转体类零件的台阶和端面可用 G01 指令来实现倒角与倒圆。

（1）45°倒角。由轴向切削向端面切削倒角，编程格式：

G01　Z（W）＿ I±i；

由端面切削向轴向切削倒角，编程格式：

G01　X（U）＿ K±k；

（2）任意角度倒角。在直线进给程序段部加上 C ＿，可自动插入任意角度的倒角功能。

（3）倒圆角。由 Z 轴向 X 轴倒圆角，编程格式：

G01　Z（W）＿ R±r；

由 X 轴向 Z 轴倒圆角，编程格式：

G01　X（U）＿ R±r；

5. 圆弧插补指令 G02、G03

圆弧插补指令是命令刀具在指定平面内按给定的 F 进给速度作圆弧运动，切削出圆弧轮廓。

（1）圆弧顺逆的判断。圆弧插补指令分为顺时针圆弧插补指令 G02 和逆时针圆弧插补指令 G03，按如图 4.3 所示，可正确判断出圆弧的顺逆。

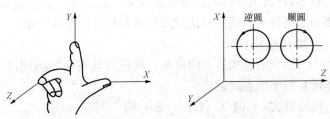

图 4.3　圆弧顺逆的判断

注意事项：

1）对于前置刀架圆弧顺逆的判断刚好与时针方向判断相反。

2）对于后置刀架圆弧顺逆的判断刚好与时针方向判断一致。

（2）G02/G03 指令的格式。

1）用 I、K 指定圆心位置，编程格式：

G02/G03 X（U）＿ Z（W）＿ I ＿ K ＿ F＿；

2）用圆弧半径 R 指定圆心位置，编程格式：

G02/G03 X（U）＿ Z（W）＿ R ＿ F＿；

注意事项：

1）用绝对值编程时，用 X、Z 表示圆弧终点在工件坐标系中的坐标值；采用增量值编程时，用 U、W 表示圆弧终点相对于圆弧起点的增量值；

2）I、K 为圆心坐标相对于圆弧起点坐标的增量；

3）用半径 R 指定圆心位置时规定：圆心角小于或等于 180°的圆弧 R 值为正；圆心角大于 180°的圆弧 R 值为负；

4）程序段中同时给出 I、K 和 R 值，以 R 值优先，I、K 无效；

5）G02/G03 用半径 R 值指定圆心位置时，不能描述整圆；要描述整圆，只能使用 I、K 指定圆心编程。

（3）编程举例。

例 4-2　顺时针圆弧插补，插补过程 A→B→C→D，见图 4.4。

方法一：用 I、K 表示圆心位置。

1）绝对值编程

……

N20　G00 X12.0 Z2.0；

N30　G01 Z-16.0 F0.3；

N40　G02. X24.0 Z-22.0 I6.0 K0 F0.25；

N50　G01 X32.0 F0.3；

……

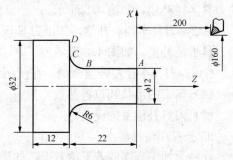

图 4.4　顺圆插补

2）混合值编程

……

N20　G00 X12.0 Z2.0；

N30　G01 Z-16.0 F0.3；

N40　G02 X24.0 W-6.0 I6.0 K0；

N50　G01 X32.0；

……

方法二：用 R 表示圆心位置。

……

N20　G00 X12.0 Z2.0；

N30　G01 Z-16.0 F0.3；

N40　G02 X24.0 W-6.0 R6.0；

N50　　G01 X32.0;

……

6. 暂停指令 G04

该指令为非模态指令，用于实现无进给光整加工。

编程格式：

G04 P＿；或 G04 X（U）＿；

其中 X、U、P 为暂停时间，P 后面的数值为整数，单位为 ms；X（U）后面为带小数点的数，单位为 s。

7. 米制输入与英制输入 G21、G20

G21 和 G20 是两个互相取代的 G 代码，米制输入 G21，英制输入 G20，机床出厂时一般设为 G21 状态。

8. 刀具补偿功能

刀具的补偿功能由程序中指定的 T 代码来实现。T 代码由字母 T 后面跟 4 位数码组成，其中前两位为刀具号，后两位为刀具补偿号。刀具补偿号可以是 00～32 中的任一数，刀具补偿号为 00 时，表示不进行补偿或取消刀具补偿，刀具的补偿有以下几种形式。

（1）刀具的偏移。

（2）刀具的几何磨损补偿。

（3）刀具半径补偿。

G41：刀具半径左补偿，即沿刀具运动方向看（假设工件不动），刀具位于工件左侧时的刀具半径补偿，如图 4.5 所示。

G42：刀具半径右补偿，即沿刀具运动方向看（假设工件不动），刀具位于工件右侧时的刀具半径补偿，如图 4.6 所示。

G40：刀具半径左补偿取消，在使用该指令后，G41、G42 指令无效。

（4）车刀的形状和位置参数。

（5）刀具补偿量的设定。

9. 子程序调用指令

在一个加工程序的若干位置上，如果存在某一固定、顺序且重复出现的内容或者几个程序中都要使用它时，可以把这类程序作为固定程序，并事先存储起来，使程序简化，这组程序叫子程序。

主程序在执行过程中如果需要某一子程序，可以通过调用指令来调用子程序，执行完子程序又可以返回到主程序，继续执行后面的程序段。主程序可以重复多次调用子程序，一个子程序也可以调用下一级子程序，但主程序只能调用两重子程序，如图 4.7 所示。

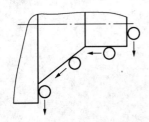

图 4.5　刀具半径左补偿方向

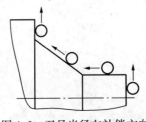

图 4.6　刀具半径左补偿方向

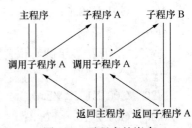

图 4.7　子程序的嵌套

（1）调用子程序的格式：

M98 P ＿ L ＿；

其中，P 为调用的子程序号；L 为重复调用的子程序的次数，若省略，则表示只调用一次子程序。

（2）子程序的格式：

O（子程序号）

……；

M99；（子程序结束并返回主程序）

（3）子程序的执行。调用子程序的执行过程说明如下。

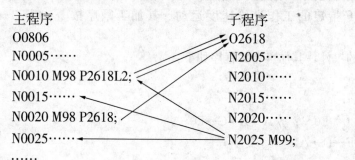

例 4 - 3　M98 子程序调用，及从子程序返回 M99，如图 4.8 所示。

调用子程序的格式：

M98 Pxxnnnn

其中，xx 为重复调用次数；nnnn 为被调用的子程序号。

FUNAC 数控车编程如下：

O9098 主程序：

O9098	//主程序
	程序名

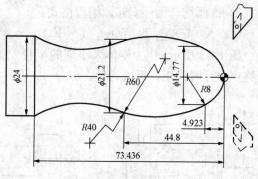

图 4.8　零件图

N1	G54 G00 X24 Z1	//使用 G54 坐标系
N2	G01 Z0 M03 F100	//移到子程序起点处、主轴正转
N3	M98 P039099	//调用子程序，并循环 3 次
N4	G00 X24 Z1	//返回对刀点
N6	M05	//主轴停
N7	M30	//主程序结束并复位
再编 O9099		//子程序文件，程序如下所示：
O9099		//子程序名
N1	G01 U-18 F100	//进刀到切削起点处，注意留下后面切削的余量
N2	G03 U14.77 W-4.923 R8	//加工 R8 圆弧段
N3	U6.43 W-39.877 R60	//加工 R60 圆弧段
N4	G02 U2.8 W-28.636 R40	//加工切 R40 圆弧段

N5　G00　U4　　　　　　　　　//离开已加工表面
N6　W73.436　　　　　　　　　//回到循环起点 Z 轴处
N7　G01　U-11 F100　　　　　　//调整每次循环的切削量
N8　M99　　　　　　　　　　　//子程序结束，并回到主程序

10. 循环切削功能

(1) 单一形状固定循环。

1) 外圆切削循环 G90，编程格式：

G90 X (U) ＿ Z (W) ＿ F ＿;

如图 4.9 所示，刀具从循环起点开始按矩形循环，最后又回到循环起点。图中虚线表示快速运动，实线表示按 F 指定的工作进给速度运动。其加工顺序按 1→2→3→4 进行。

例 4 - 4　如图 4.10 所示的工件，其加工有关程序如下：

……

N10　G00　X50.0　Z87.0;
N20　G90　X38.0　Z25.0　F0.3; //A→B→C→D→A
N30　X28.0; //A→E→F→D→A

……

2) 锥面切削循环 G90，编程格式：

G90 X (U) ＿ Z (W) ＿ I ＿ F ＿;

图 4.11 所示，I 为锥体大小端的半径差。编程时，应注意 I 的符号，锥面起点坐标大于终点坐标时为正，反之为负。

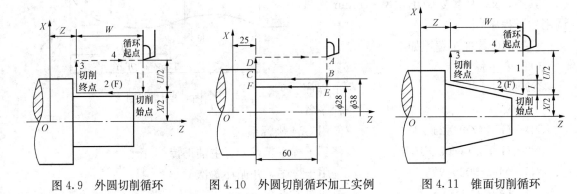

图 4.9　外圆切削循环　　　　　图 4.10　外圆切削循环加工实例　　　　图 4.11　锥面切削循环

例 4 - 5　如图 4.12 所示的工件，其加工有关程序如下：

……

N10　G00　X60.0　Z87.0;
N20　G90　X38.0　Z25.0　I-5.0　F0.3;　　　　(A→B→C→D→A)
N30　X28.0;　　　　　　　　　　　　　　　(A→E→F→D→A)

……

3) 端面切削循环 G94，编程格式：

G94 X (U) ＿ Z (W) ＿ I ＿ F ＿;

如图 4.13 所示，刀具从循环起点开始按矩形循环，最后又回到循环起点。图中虚线表示快速运动，实线表示按 F 指定的工作进给速度运动。其加工顺序按①、②、③、④进行。

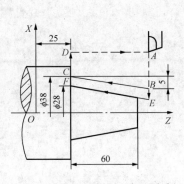

图 4.12 锥面切削循环加工实例

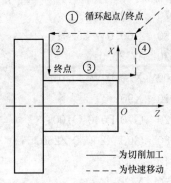

图 4.13 端面切削循环

（2）复合型车削固定循环。

1）外圆粗车循环 G71，适用于切除棒料毛坯的大部分加工余量。

编程格式：G71 U（Δd）R（e）；

G71 P（ns）Q（nf）U（Δu）W（Δw）F＿ S＿ T＿；

其中，ns 为循环中的第一个程序号；nf 为循环中的最后一个程序号；Δu 为径向（X）的精车余量（直径值）；Δw 为轴向（Z）的精车余量；Δd 为每次径向吃刀深度；e 为是径向退刀量（可由参数设定）。

图 4.14 所示为用 G71 粗车外圆的走刀路线。图中 C 点为起刀点，A 点是毛坯外径与端面轮廓的交点。虚线表示快速进给，实线表示切削进给。

例 4-6 图 4.15 所示为棒料毛坯的加工示意图。粗加工切削深度为 5mm，进给量 0.3mm/r，主轴转速为 500r/min，精加工余量 X 向为 1mm（直径上），Z 向 0.5mm，进给量为 0.15mm/r，主轴转速为 800r/min，程序起点如图 4.14 所示。其加工程序如下：

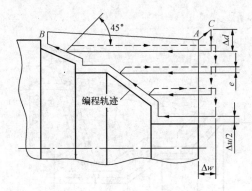

图 4.14 外圆粗车循环 G71

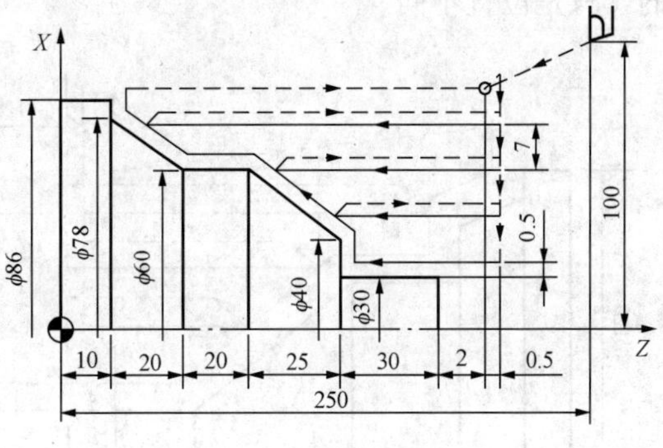

图 4.15 棒料毛坯加工

N010   G50 X200.0 Z250.0；

N020   G00 X86.0 Z107.0 M03 S800；

N030   G71 U5.0 R1.0；

N040   G71 P040 Q100 U1.0 W0.5 F0.30 S500；

N050   G00 X30.0 S800；

N060   G01 W-32.0 F0.15；

N070   X40.0；

N080   X60.0 W-25.0；

N090   W-20.0；

N100   X78.0 W-20.0；

N110   X90；

N120   G70 P040 Q100；

N130   G00 X200.0 Z250.0；

N140   M05；

N150   M30；

2）端面粗车循环 G72，编程格式：

G72   U（△d）   R（e）；

G72   P（ns）Q（nf）U（△u）W（△w）   F＿S＿T＿；

其中，△d 为背吃刀量；e 为退刀量；ns 为精加工形状程序段中的开始程序段号；nf 为精加工形状程序段中的结束程序段号；△u 为 X 轴方向精加工余量；△w 为 Z 轴方向的精加工余量；F、S、T 分别是进给量、主轴转速、刀具号地址符。

用 G72 粗车端面的走刀路径如图 4.16 所示。虚线表示快速进给，实线表示切削进给。

3）固定形状粗车循环 G73，它适用于具有一定轮廓形状的铸、锻件等毛坯的工件。

编程格式：

G73   U（△i）W（△k）R（△d）；

G73   P（ns）Q（nf）U（△u）W（△w）F＿S＿T＿；

其中，△i 为粗切时径向切除的余量（半径值）；△k 为粗切时轴向切除的余量；△d 为循环次数。

其走刀路线如图 4.17 所示。执行 G73 功能时，每一刀的切削路线的轨迹形状是相同的，只是位置不同。

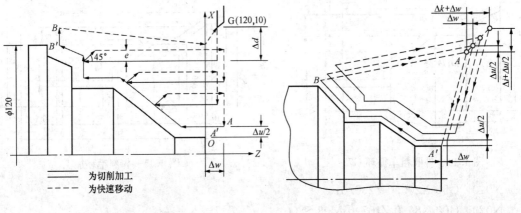

图 4.16 端面粗车循环   图 4.17 固定形状粗车循环

例 4-7 如图 4.18 所示，设粗加工分三刀进行，余量（X 和 Z 向）均为单边 13mm，三刀过后，留给精加工的余量 X 方向（直径上）为 2.0mm，Z 向为 1.0mm；粗加工进给量为 0.3mm/r，主轴转数为 600r/min；精加工进给量为 0.15mm/r，主轴转数为 800r/min。其加工程序如下：

N05　G50 X240.0Z300.0;

N10　G00 X180.0 Z225.0;

N15　G73 U13.0W13.0R3;

N20　G73 P25 Q50 U2.0 W1.0

F0.30 M03 S600;

N25　G00 X30.0 Z177.0 S800;

N30　G01 W-37.0 F0.15;

N35　X50.0 W-40.0;

N40　W-30.0;

N45　G02 X110.0 W-30.0 R30.0;

N50　G01 X130.0W-10.0;

N55　G70 P25 Q50;

N60　G00 X240.0 Z300.0 M05;

N65　M30;

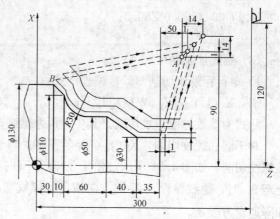

图 4.18　固定形状粗车循环 G73 实例

4）精车循环加工 G70。当用 G71、G72、G73 粗车工件后，用 G70 来指定精车循环，切除粗加工中留下的余量。

编程格式：G70　P（ns）Q（nf）

其中，ns 为精车循环的第一个程序段号；nf 为精车循环中的最后一个程序段号。

在精车循环 G70 状态下，（ns）至（nf）程序中指定的 F、S、T 有效；如果（ns）至（nf）程序中不指定的 F、S、T 时，粗车循环中指定 F、S、T 有效。

5）外圆、内圆切槽循环 G75。根据下面程序指令，进行如图 4.19 所示的动作。

编程格式：

G75 R（e）;

G75 X（U）Z（W）P（Δi）Q（Δk）R（Δd）F＿＿;

例 4-8　图 4.20 所示的外圆切槽加工，其加工程序如下：

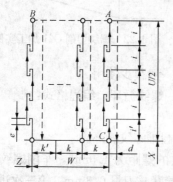

图 4.19　外圆、内圆切槽循环 G75

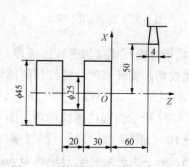

图 4.20　外圆切槽循环 G75 实例

N10 G50 X100.0 Z60.0；

N20 G00 X47.0 Z-34.0；

N25 G75 R0.5；

N30 G75 X25.0 Z-50.0 P3.0 Q3.5 F0.1 S800 M03；

N40 G00 X100.0 Z60.0；

······

（3）螺纹加工循环。

1）单行程螺纹切削 G32，编程格式：

G32 X（U）__ Z（W）__ F__；

此式为整数导程螺纹切削。其中，F 为螺纹导程，单位为 mm/min。

对于圆柱螺纹切削，X（U）指令省略；对于端面螺纹切削，Z（W）指令省略；对于锥螺纹切削，如图 4.21 所示，角 α 在 45°以下时，螺纹导程以 Z 轴方向指定；角 α 在 45°以上至 90°时，螺纹导程以 X 轴方向指定；螺纹切削应注意在两端设置足够的升速进刀段 δ_1 和降速退刀段 δ_2。

例 4-9 如图 4.22 所示，锥螺纹导程为 2mm，δ_1 为 2mm，δ_2 为 1mm，每次背吃刀量为 0.5mm，则程序为：

N05 G00 X19.0；

N10 G32 X34.0 W-53.0 F2.0；

N15 G00 X60.0；

N20 W53.0；

N25 X18.0；

N30 G32 X33.0 W-53.0；

N35 G00 X60.0；

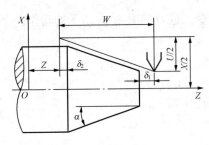

图 4.21   螺纹切削 G32

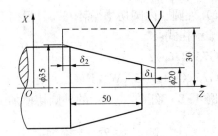

图 4.22   螺纹切削 G21 加工实例

可见该指令编写螺纹加工程序烦琐，计算量大，一般很少使用。

2）螺纹切削循环 G92。螺纹切削循环 G92 为单一螺纹循环，编程格式：

G92 X（U）__ Z（W）__ I__ F__；

如图 4.23 所示为圆柱螺纹循环，图 4.24 所示为圆锥螺纹循环。

例 4-10 如图 4.25 所示，圆柱螺纹加工，螺纹的螺距为 1.5mm，车削螺纹前工件直径 ϕ42mm，第一次进给背吃刀量 0.4mm，第二次进给背吃刀量 0.3mm，第三次进给背吃刀量 0.20mm，第四次进给背吃刀量 0.08mm，采用绝对值编程，其加工程序为：

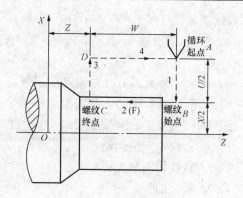

图 4.23 圆柱螺纹循环

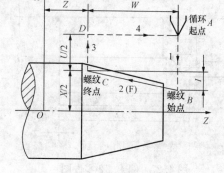

图 4.24 圆锥螺纹循环

N05　G50 X200.0 Z250.0；

N10　S200 M03 T0202；

N15　G00 X54.0 Z114.0；

N20　G92 X41.2 Z48.0 F1.5；

N25　X40.6；

N30　X40.2；

N35　X40.04；

N40　G00 X200.0 Z250.0 T0200 M05；

N45　M30；

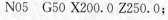

图 4.25 圆柱螺纹加工实例

3）螺纹切削复合循环 G76，编程格式：

G76 X（U）__ Z（W）__ I_ K_ D_ F_ A__；

其中，X、Z 为螺纹终点坐标值；I 为锥螺纹起点与终点的半径差，I 为零时可加工圆柱螺纹；K 为螺纹牙型高度（半径值），为正；D 为第一次进给的背吃刀量，为正；F 为螺纹导程；A 为牙型角。

例 4 - 11　如图 4.26 所示，螺纹的螺距为 2mm，其螺纹加工程序为：

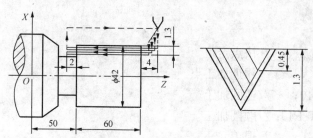

图 4.26 螺纹切削循环 G76 加工实例与进刀法

N05　G50 X200.0 Z250.0；

N10　S200 M03 T0202；

N15　G00 X60.0 Z114.0；

N20　G76 X39.4 Z48.0 K1.3 D0.45 F2.0 A60；

N25　G00 X200.0 Z250.0 T0200 M05；

N30　M30；

4.4 数控车床加工实例

例 4 - 12　加工如图 4.27 所示的零件。

1）根据零件图，选用 CNC 车床加工，用三爪卡盘夹紧工件。

2）先加工 $R8.5$，长 22.5 的外圆，分粗、精加工三次。再加工 $R2.5$ 逆圆弧。最后加工

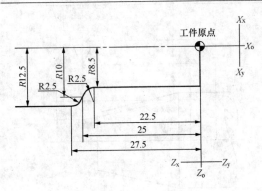

图 4.27　例 4 - 12 零件图

*R*2.5 顺圆弧。

3）程序原点选为 *B* 点，坐标为（*X*15，*Z*5）。

4）刀具：外圆车刀（左偏刀）。

5）切削用量：S800：粗加工。

S1000：精加工、圆弧加工；

F1000：快速定位运动；

F80：直线切削加工；

F40：圆弧加工。

程序清单如下：

N1	G71；	//mm 为单位
N2	G90；	//绝对方式编程
N3	G50 X15 Z5；	//加工起点，距编程原点距离
N4	G00 X13 Z0.5 F1000 T1 S800；	//快速接近工件
N5	G73 D0 3；	//粗加工，循环 3 次
N6	G91；	//改用相对编程
N7	G00 X-1 Z0 F1000 T1 S800；	
N8	G01 X0 Z-25.5 F80 T1 S800；	
N9	G00 X0 Z25.5 F1000；	//原路退回
N10	G06；	//循环结束
N11	G73 D0 2；	//精加工，循环两次
N12	G00 X-1 Z0 S1000；	//吃刀 1mm
N13	G01 X0 Z-23 F80；	
N14	G00 X0.5 Z0；	//避开工件
N15	G00 X0 Z23；	//退回
N16	G06；	
N17	G90；	
N18	G00 X8.6 Z-22.4；	//快点定位
N19	G01 X8.5 Z-22.5 F100；	//靠近加工点
N20	G03 X10 Z-25 R2.5 CCW F40；	//逆圆加工
N21	G02 X12.5 Z-27.5 R2.5 CW F40；	//顺圆加工
N22	G00 X15 Z0；	//退刀
N23	G00 X15 Z5；	//退回程序原点
N24	M05；	//主轴停止
N25	M02；	//程序结束

例 4 - 13　如图 4.28 所示，圆锥管螺纹 ZG2&Prime。26mm，螺纹刀刀尖角为 55°。375 F80（加工锥螺纹外径）N6 G00 X100 Z100（到换刀点位置）N7 T0202（换二号端面刀，确定其坐标系）N8 G00 X90 Z4（到螺纹简单循环起点位置）N9 G82 X59。31（加工螺纹，吃刀深 1）N10 G82 X58。

对图 4.28 所示的 55°圆锥管螺纹 ZG2″编程。根据标准可知，其螺距为 2.309mm（即 25.4/11），牙深为 1.479mm，其他尺寸如图（直径为小径）。用五次吃刀，每次吃刀量（直径值）分别为 1、0.7、0.6、0.4、0.26mm，螺纹刀刀尖角为 55°。

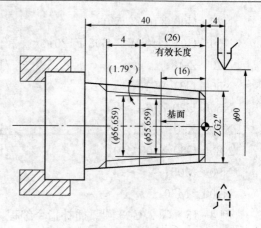

图 4.28 零件图

%0001

N1 T0101；//换一号端面刀，确定其坐标系

N2 M03 S300；//主轴以 400r/min 正转

N3 G00 X100 Z100；//到程序起点或换刀点位置

N4 X90 Z4；   //到简单外圆循环起点位置

N5 G80 X61.117 Z-40 I-1.375 F80；   //加工锥螺纹外径

N6 G00 X100 Z100；   //到换刀点位置

N7 T0202；   //换二号端面刀，确定其坐标系

N8 G00 X90 Z4；   //到螺纹简单循环起点位置

N9 G82 X59.494 Z-30 I-1.063 F2.31；   //加工螺纹，吃刀深 1

N10 G82 X58.794 Z-30 I-1.063 F2.31；   //加工螺纹，吃刀深 0.7

N11 G82 X58.194 Z-30 I-1.063 F2.31；   //加工螺纹，吃刀深 0.6

N12 G82 X57.794 Z-30 I-1.063 F2.31；   //加工螺纹，吃刀深 0.4

N13 G82 X57.534 Z-30 I-1.063 F2.31；   //加工螺纹，吃刀深 0.26

N14 G00 X100 Z100；   //到程序起点或换刀点位置

N15 M30；   //主轴停、主程序结束并复位

例 4-14 请设置安装装仿形工件图 4.29，各点坐标参考如下（X 向余量 4mm）。

坐标点	X（直径）	Z	圆弧半径	圆弧顺逆
A	0	0		
B	30	0		
C	30	−48		
D	64	−58		
E	84	−73		
F	84	−150		
	0	−150		

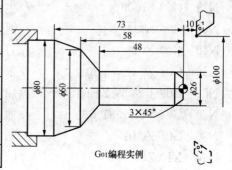

图 4.29 零件图

FUNAC 数控车编程如下：

O9001

N10 G50 X100 Z10；   //设立坐标系，定义对刀点的位置

N20	G00 X16 Z2 M03；	//移到倒角延长线，Z 轴 2mm 处
N30	G01 U10 W-5 G98 F120；	//倒 3×45°角
N40	Z-48；	//加工 $\phi26$ 外圆
N50	U34 W-10；	//切第一段锥
N60	U20 Z-73；	//切第二段锥
N70	X90；	//退刀
N80	G00 X100 Z10；	//回对刀点
N90	M05；	//主轴停
N100	M30；	//主程序结束并复位

例 4-15　G02/G03 圆弧插补指令编程，如图 4.30 所示。
请设置安装装仿形工件，各点坐标参考如下（X 向余量 3mm）。

坐标点	X（直径）	Z	圆弧半径	圆弧顺逆
A	0	0		
B	6	0		
C	30	−24	18	3
D	32	−31	8	2
E	32	−40		
F	45	−40		
	45	−100		
	0	−100		

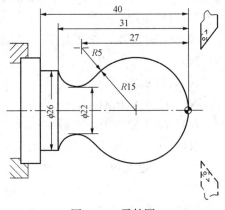

图 4.30　零件图

FUNAC 数控车编程如下：
O9002

N10	G50 X40 Z5；	//设立坐标系，定义对刀点的位置
N20	M03 S400；	//主轴以 400r/min 旋转
N25	G50 S1000；	//主轴最大限速1000r/min 旋转
N30	G96 S80；	//恒线速度有效，线速度为 80m/min
N40	G00 X0；	//刀到中心，转速升高，直到主轴到最大限速
N50	G01 Z0 G98 F60；	//工进接触工件
N60	G03 U24 W-24 R15；	//加工 R15 圆弧段
N70	G02 X26 Z-31 R5；	//加工 R5 圆弧段
N80	G01 Z-40；	//加工 $\phi26$ 外圆
N90	X40 Z5；	//回对刀点
N100	G97 S300；	//取消恒线速度功能，设定主轴按 300r/min 旋转
N110	M30；	//主轴停、主程序结束并复位

例 4-16　精车如图 4.31 所示的零件，零件的加工顺序为：

1）用 3 号刀切削工件的外轮廓自右向左加工，其加工路线为：

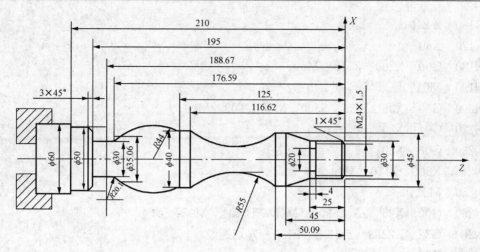

图 4.31　例 4-16 零件图

　　倒角→车 $\phi24$mm 外圆→车锥面 ϕ 车 $\phi45$mm 外圆→车 $R55$mm 圆弧→车 $\phi40$mm 外圆→车 $R44$mm 圆弧→车 $R20$mn 圆弧→车 $\phi30$mm 外圆→车端面→倒角→车 $\phi50$mm 外圆→车端面；

　　2）用 2 号刀车槽；

　　3）用 4 号刀车螺纹，用螺纹循环指令切削 M24X1.5 螺纹。

　　工件坐标系如图 4.31 所示。

　　现以 3 号刀为基准刀，并测得 3 号刀与其他两把刀的位置偏差作为刀具位置补偿值输入到相应的存储器中。

　　设定 2 号刀位装夹车槽刀，3 号刀位装夹精车刀，4 号刀位装夹螺纹刀。

　　该零件的加工程序如下：

%0013

N10　G92 X200　Z110；

N20　G00 X28　Z2　S700　M03　T03；

N30　X18　M08；

N40　G01 X24　Z-1　F0.08；

N50　Z-24.5；

N60　X30；

N70　X45　Z-45；

N80　Z-50.09；

N90　G02　X40　Z-116.62 R55；

N100　G01 Z-125；

N110　G03 X35.06 Z-176.59 R44；

N120　G02 X30　Z-188.67　R20.1；

N130　G01　Z-195；

N140　X44；

N150　X50　Z-198；

N160   Z-210;

N170   X60;

N180   G00 X200 Z110 M09;

N190   M01;

N200   G00 X36 Z-25 S500 M03 T02 M08;

N220   G01 X20 F0.05;

N230   G00 X50;

N240   X200 Z110 M09;

N250   M01;

N260   G00 X26 Z5 S300 M03 T0404 M08;

N280   G32 X22.8 Z-21.5 F1.5; //切螺纹

N290   X22.5;

N300   X22.3;

N310   X22.268;

N320   G00 X200 Z110 M09;

N330   M30;

思 考 题 与 习 题

4-1   数控车床主要有哪几种分类方法?

4-2   数控车床有哪些加工特点?

4-3   数控车床有哪些用途?

4-4   数控车床的坐标轴方向如何确定?其原点一般位于什么位置?

4-5   数控车床的参考点位于什么位置?参考点有何用途?

4-6   数控车床的工件坐标系如何建立?

4-7   数控车床编程有何特点?

4-8   什么是半径编程?什么时候直径编程?

4-9   G50 指令有哪些功能?

4-10   用多把刀加工时为什么必须建立刀具位置补偿?刀具位置补偿用什么指令建立?

4-11   车削螺纹时为什么要用引入段和引出段?

4-12   G71、G72、G73 指令分别使用于什么样零件的加工?

4-13   采用常用编程指令编写如图 4.32 所示零件的精加工程序。

4-14   采用单一循环编程指令编写如图 4.33 所示零件的粗、精加工程序。

4-15   采用复合循环编程指令编写如图 4.34 所示的零件粗加工程序。

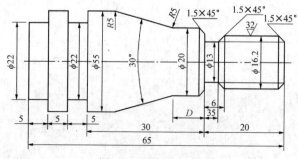

图 4.32   题 4-13 图

4-16 在数控车床上加工如图 4.35 所示的零件,试编写其粗、精加工的程序。

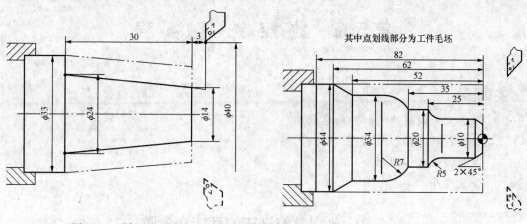

图 4.33 题 4-14 图

其中点划线部分为工件毛坯

图 4.34 题 4-15 图

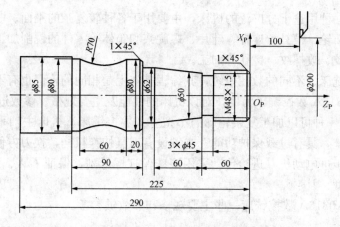

图 4.35 题 4-16 图

第5章　数控铣床编程

本章要点

➤ 典型数控铣床的性能和参数
➤ 数控铣床编程基础
➤ 数控铣床编程指令
➤ 宏程序

5.1　典型数控铣床的性能和参数

数控铣床是一种用途十分广泛的机床，主要用于各种较复杂的平面、曲面和壳体类零件的加工。如各类凸轮、模具、连杆、叶片、螺旋桨和箱体等零件的铣削加工，同时还可以进行钻、扩、锪、铰、攻螺纹、镗孔等加工。

不同的数控铣床、不同的数控系统，其编程基本上是相同的，但也有不同之处。

本节以 XK0816A 数控铣床为例，对该机床的性能及主要规格、参数进行简要介绍。

XK0816A 是一种可以加工复杂轮廓的小型立式数控铣床。机床主轴采用高性能的无级变频调速驱动系统，具有过载保护功能。主轴设有刀具快换机构，换刀方便。三轴驱动采用较先进的混合式步进电动机，进给传动采用滚珠丝杠螺母副，保证了 X、Y、Z 三轴传动的平稳性和传动精度。

下面列出 XK0816A 数控铣床一些主要规格和参数供参考。

1. 基本规格

工作台工作面积（长×宽）	1 600mm×400mm
工作台最大纵向行程	900mm
工作台最大横向行程	375mm
工作台最大垂直行程	400mm
主轴套筒移动距离	70mm
主轴端面到工作台面距离	50mm～450mm
主轴转速范围	30mm～1500r/min
主轴转速级数	18 级
工作台进给量	纵向：10～1 500mm/min
	横向：10～1 500mm/min
	垂直：10～600mm/min
主电动机功率	7.5kW
伺服电动机额定转矩	X 向：18N·m　Y 向：18N·m
	Z 向：35N·m
机床外形尺寸（长×宽×高）	2 495mm×2 100mm×2 170mm

2. 数控系统的主要技术规格

控制轴数　　　　　3 轴（X、Y、Z 三轴）

联动轴数　　　　　2.5 轴

最小设定单位　　　0.001mm

最小移动单位　　　0.001mm

最大指令值　　　　$\pm 9\,999.999$mm

程序存储量　　　　4 000 个字符

程序号　　　　　　O＋4 位数字

5.2　数控铣床编程基础

5.2.1　坐标系

1. 机床坐标系

数控铣床坐标系为右手笛卡儿坐标系，三个坐标轴互相垂直。即以机床主轴轴线方向为 Z 轴，刀具远离工件的方向为 Z 轴正方向；X 轴平行于工件的装夹平面，对于立式铣床，人面对机床主轴，右侧方向为 X 轴正方向，如图 5.1（a）所示；对于卧式铣床，人面对机床主轴，左侧方向为 X 轴正方向，如图 5.1（b）所示。Y 轴方向则根据 X、Z 轴按右手笛卡尔直角坐标系来确定，如图 5.2 所示。

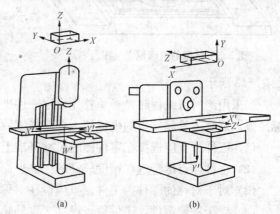

图 5.1　铣床的坐标轴
（a）立式铣床坐标轴；（b）卧式铣床坐标轴

机床坐标系是机床本身固有的，机床坐标系的原点称为机械零点，也称机床零点。每次启动机床后，机床三个坐标轴依次走到机床正方向的一个极限位置，这个极限位置是机床装配完工后确定的一个固定位置，该位置就是机床坐标系的原点。

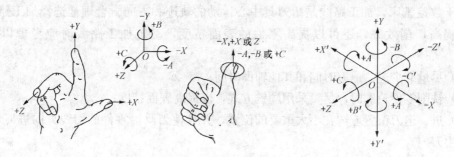

图 5.2　右手笛卡尔直角坐标系

机床参考点是用于对机床运动进行检测和控制的固定位置点。机床参考点的位置是由机床制造厂家在每个进给轴上用限位开关精确调整好的，坐标值已输入数控系统中。因此参考点对机床原点的坐标是一个已知数。通常在数控铣床上机床原点和机床参考点是重合的。

数控机床开机时，必须先确定机床原点，而确定机床原点的运动就是刀架返回参考点的操作，这样通过确认参考点，就确定了机床原点。只有机床参考点被确认后，刀具（或工作台）移动才有基准。

2. 工件坐标系

工件坐标系是为确定工件几何形体上各要素的位置而设置的坐标系。工件坐标系的原点即为工件零点。工件零点是任意的，它是由编程人员在编制程序时根据零件的特点选定的，也称工件原点。它在工件装夹完毕后，通过对刀确定。

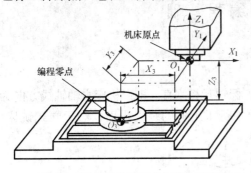

图 5.3　铣床的机床原点与编程零点

3. 编程坐标系

编程坐标系是编程人员根据零件图样及加工工艺等建立的坐标系。编程坐标系一般供编程使用，确定编程坐标系时不必考虑工件毛坯在机床上的实际装夹位置。编程原点是根据加工零件图样及加工工艺要求选定的编程坐标系的原点。对于一般零件来讲，工件坐标系即为编程坐标系，工件零点即为编程零点。

数控铣床的机床坐标系与编程坐标系的关系如图 5.3 所示。

当采用绝对值编程时，必须首先设定工件坐标系。设定工件坐标系就是以工件原点为坐标原点，确定刀具起始点的坐标值。在选择工件原点位置时应注意：

（1）工件原点应选择在零件图的尺寸基准上，这样便于坐标值的计算，并减少错误；

（2）工件原点尽量选在精度较高的工件表面，以提高被加工零件的加工精度；

（3）对于对称的零件，工件原点应设在对称中心上；

（4）对于一般零件，工件原点设在工件外轮廓的某一角上；

（5）Z 轴方向上的工件原点，一般设在工件上表面。

5.2.2　加工路线的确定

对于数控铣床，加工路线是指刀具中心运动的轨迹和方向。合理地选择加工路线，不但可以提高切削效率，还可以提高零件的表面精度，确定加工路线时应考虑以下几个方面：

（1）尽量减少进、退刀时间和其他辅助时间；

（2）铣削零件轮廓时，尽量采用顺铣方式，以提高表面精度；

（3）进、退刀位置应选在不太重要的位置，并且使刀具沿零件的切线方向进刀和退刀，以免产生刀痕；

（4）先加工外轮廓、再加工内轮廓。

总之，确定加工路线时，应根据被加工零件的加工精度和表面祖糙度要求以及机床、刀具等的具体情况加以考虑。所确定的加工路线应使数值计算简单，程序段少。同时，为充分发挥数控机床的效能，应使加工路线最短，以便减少空刀时间。

5.2.3 合理选择加工刀具及切削用量

1. 铣削刀具的选择

刀具的选择应考虑机床的加工能力、工件材料的性能、加工工序、切削用量以及其他相关因素。刀具选择总的原则是：安装调整方便，刚性好，刀具耐用度和精度高。在满足加工要求的前提下，尽量选择较短的刀柄，以提高刀具加工的刚性。

选取刀具时，应使刀具的尺寸与被加工零件的表面尺寸和形状相适应。生产中，平面零件周边轮廓的加工，常采用立铣刀；铣削平面时，应选硬质合金刀片铣刀；加工凸台、凹槽时，选高速钢立铣刀；加工毛坯表面或粗加工孔时，可选镶硬质合金的玉米铣刀。对一些立体型面和变斜角轮廓外形的加工，常采用球头铣刀、环形铣刀、锥形铣刀和盘形铣刀。

在进行自由曲面加工时，由于球头刀具的端部切削速度为零，因此，为保证加工精度，切削行距应取的很密，故球头铣刀常用于曲面的精加工。而平头铣刀在表面加工质量和切削效率方面都优于球头铣刀，因此，只要在保证不过切的前提下，无论是曲面的粗加工还是精加工，都应优先选择平头铣刀。

另外，刀具的耐用度和精度与刀具价格关系极大，必须引起注意的是，在大多数情况下，选择好的刀具虽然增加了刀具成本，但由此带来的加工质量和加工效率的提高，则可以使整个加工成本大大降低。

2. 切削用量的确定

切削用量包括主轴转速（切削速度）、背吃刀量、进给量。对于不同的加工方法，需要选择不同的切削用量，并编入程序单内。

合理选择切削用量的原则是：粗加工时，一般以提高生产率为主，但也应考虑经济性和加工成本；半精加工和精加工时，应在保证加工质量的前提下，兼顾切削效率、经济性和加工成本。具体数值应根据机床说明书、切削用量手册，并结合经验而定。

5.2.4 程序结构

一组顺序指令称为程序段。程序是由一系列加工的一组程序段组成的。

用于区分每个程序段的号，称为顺序号；用于区分每个程序的号，称为程序号。如图5.4 所示。程序号由地址 O 和后面的 4 位数字组成，程序号用来识别存储的程序。在程序的开头指定程序号，在 ISO 代码中可以使用冒号（:）代替 O。当程序的开始没有指定程序号时则程序开始的顺序号（N…）被当作它的程序号。如果使用 5 位数顺序号，低 4 位数字用作存储程序号；如果低 4 位数字全是 0 的话程序在存储之前加 1 作为程序号，但是 N0 不能用为程序号；如果在程序的开始没有程序号，也没有顺序号的话，当程序存储时必须使用 MDI 面板指定程序号。

一个程序段用识别程序段的顺序号开始而以程序段结束代码结束，本书用";"表示程序段结束（在 ISO 代码中为 LF，而在 EIA 代码中为 CR）。

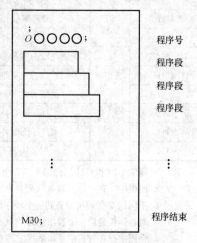

图 5.4 程序构成

5.2.5　准备功能 G 指令

G 功能代码如表 5.1 所示。

表 5.1　　　　　　　　　　　**G 功能代码一览表**

G 代码	组别	功　　能	G 代码	组别	功　　能
G00		快速点定位	G45		刀具位置偏移增加
＊G01	01	直线插补	G46		刀具位置偏移减少
G02		顺时针圆弧插补	G47	00	刀具位置偏移两倍增加
G03		逆时针圆弧插补	G48		刀具位置偏移两倍减少
G04		暂停	G50	11	比例缩放取消
G05.1		预读控制超前读多个程序段	G51		比例缩放有效
G07.1 (G107)		圆柱插补	G50.1	22	可编程镜像取消
G08	00	预读控制	G51.1		可编程镜像有效
G09		准确停止检验	G52	00	局部坐标系设定
G10		可编程数据输入	G53		选择机床坐标系
G11		可编程数据输入方式取消	G54~G59	14	工件坐标系 1~6 选择
＊G15	17	极坐标指令消除	G60	00	单方向定位
G16		极坐标指令	G61		准确停止校验方式
＊G17		XY 平面选择	G62	15	自动拐角倍率
＊G18	02	ZX 平面选择	G63		攻丝方式
＊G19		YZ 平面选择	＊G64		切削进给方式
G20	06	英制输入	G65	00	宏指令简单调用
G21		公制输入	G66	12	宏指令模态调用
＊G22	04	存储行程限位有效	G67		宏指令模态调用取消
G23		存储行程限位无效	＊G68	16	坐标系旋转方式建立
G27		返回参考点检验	G69		坐标系旋转方式取消
G28		自动返回参考点	G73		深孔钻循环
G29	00	由参考点返回	G74	09	左旋攻丝循环
G30		返回第 234 参考点	G76		精镗循环
G31		跳转功能	G80~G89	09	孔加工固定循环
G33	01	螺纹切削	＊G90	03	绝对值编程
G37	00	自动刀具长度测量	G91		增量值编程
G39		拐角偏置圆弧插补	G92	00	坐标系设定或最大主轴速度箝制
＊G40		取消刀具半径补偿	G92.1		工件坐标系预置
G41	07	刀具半径补偿（左）	＊G94	05	每分钟进给
G42		刀具半径补偿（右）	G95		每转进给
＊G40.1 (G150)		法线方向控制取消方式	G96	13	恒周速控制切削速度
G41.1 (G151)	19	法线方向控制左侧接通	＊G97		恒周速控制取消切削速度
G42.1 (G152)		法线方向控制右侧接通	＊G98	10	固定循环返回到初始点
G43		刀具长度补偿（＋）	G99		固定循环返回到 R 点
G44	08	刀具长度补偿（一）			
＊G49		取消刀具长度补偿			

注　1. 除了 G10 和 G11 以外的"00"组 G 代码是非模态 G 代码，其他各组代码均为模态 G 代码。

　　2. 同组中，有＊标记的 G 代码是在电源接通时或按下复位键时就立即生效的 G 代码。

　　3. 不同组 G 代码可以在同一个程序段中被规定并有效。但当一个程序段中，指定了 2 个以上属于同组的 G 代码时，则仅最后一个被指定的 G 代码有效。

　　4. 在固定循环方式中，如果规定了 01 组中的任何 G 代码，固定循环功能就被自动取消，系统处于 G80 状态，而且 01 组 G 代码不受任何固定循环 G 代码的影响。

5.2.6 辅助功能 M 指令

辅助功能（M 功能）指令是由地址 M 和两位数字组成，在一个程序段中只应规定一个 M 指令，当在一个程序段中出现了两个或两个以上的 M 指令时，则只有最后一个被指令的 M 代码有效。对于不同的机床制造厂来说，各 M 功能指令的含义可能有所不同，表 5.2 所列的是主要的 M 功能，仅供参考。

表 5.2　M 功能一览表

M 指令	功能	简要说明
M00	程序停止	程序停止时，所有模态指令不变，按循环启动（CYCLE START）按钮可以再启动
M01	选择停止	功能与 M00 相似，不同之处就在于程序是否停止取决于机床操作面板上的选择停止（OPTIONAL STOP）开关所处的状态，"ON"程序停止；"OFF"程序继续执行。当程序停止时，按循环启动按钮可以再启动
M02	程序结束	程序结束后不返回到程序开头的位置
M03	主轴正转	从主轴前端向主轴尾端看时为逆时针
M04	主轴反转	从主轴前端向主轴尾端看时为顺时针
M05	主轴停止	执行该指令后，主轴停止转动
M06	刀具交换	主轴刀具与刀库上位于换刀位置的刀具交换，该指令中同时包含了 M19 指令，执行时先完成主轴准停的动作，然后才执行换刀动作
M08	切削液开	执行该指令时，应先使切削液开关位于 AUTO 的位置
M09	切削液关	
M30	程序结束	程序结束后自动返回到程序开头的位置
M98	子程序调用	程序段中用 P 表示子程序地址，用 L 表示调用次数
M99	子程序返回	

5.3　数控铣床编程指令

5.3.1　基本编程指令

1. 设定工件坐标系指令 G92

格式：G92　X __ Y __ Z __；

说明：

G92 指令是规定工件坐标系坐标原点的指令，工件坐标系原点又称为程序原点，坐标值 X、Y、Z 为刀具刀位点在工件坐标系中（相对于程序原点）的初始位置。执行 G92 指令时，机床不动作，即 X、Y、Z 轴均不移动。

坐标值 X、Y、Z 均不得省略，否则对未被设定的坐标轴将按以前的记忆执行，这样刀具在运动时，可能达不到预期的位置，甚至会造成事故。

如图 5.5 所示，建立工件坐标系程序为

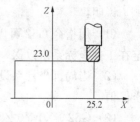

图 5.5　G92 建立工件坐标系

G92　X25.2　Z23.0；（建立工件坐标系）

2. 选择工件坐标系指令 G54～G59

格式：G54/…/G59

说明：

（1）若在工作台上同时加工多个零件时，可以设定不同的程序零点，可建立 G54～G59 共 6 个加工工件坐标系。与 G54～G59 相对应的工件坐标系，分别称为第一工件坐标系至第六工件坐标系，其中 G54 坐标系是机床一开机并返回参考点后就有效的坐标系，它所建立的坐标系称为第一工件坐标系。

（2）G54～G59 不像 G92 那样需要在程序段中给出预置寄存的坐标数据。那么机床在加工时，是如何知道所用工件坐标系与机床坐标系之间的关系呢？原来这是由操作者在加工零件之前，通过"工件零点附加偏置"的操作实现的。操作者在安装工件后，测量工件坐标系原点相对于机床坐标系原点的偏移量，并把工件坐标系在各轴方向上相对于机床坐标系的位置偏移量，写入工件坐标偏置存储器中，其后系统在执行程序时，就可以按照工件坐标系中的坐标值来运动了。

（3）注意 G54～G59 工件坐标系指令与 G92 坐标系设定指令的差别：G92 指令需用后续坐标值指定刀具起点在当前工件坐标系中的坐标值，用单独一个程序段指定；在使用 G92 指令前，必须保证刀具回到加工起始点。G54～G59 建立工件坐标系时，可单独使用，也可与其他指令同段使用；使用该指令前，先用 MDI 方式输入该坐标系的坐标原点在机床坐标系中的坐标值。

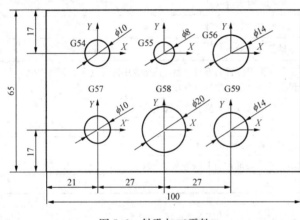

图 5.6　钻孔加工零件

对于完成图 5.6 所示零件的钻孔加工，使用 G54～G59 工件坐标系编程可简化程序，减少坐标换算。

3. 设定局部坐标系指令 G52

当在工件坐标系中编制程序时，为容易编程可以设定工件坐标系的子坐标系，子坐标系称为局部坐标系。

格式：G52　X__Y__Z__；

说明：

（1）用指令 G52 可以在工件坐标系 G54～G59 中设定局部坐标系。局部坐标的原点设定在工件坐标系中以 X__Y__Z__指定的位置。

（2）当局部坐标系设定时，后面的以绝对值方式 G90 指令的移动是在局部坐标系中的坐标值。

（3）G52　X0 Y0 Z0；取消局部坐标系。

（4）局部坐标系设定不改变工件坐标系和机床坐标系。

4. 坐标平面指令 G17、G18、G19

右手直角笛卡儿坐标系的三个互相垂直的轴 X、Y、Z，分别构成三个平面（如图 5.2 所示），即 XY 平面、ZX 平面和 YZ 平面。对于三坐标的加工中心，常用这些指令确定机床在哪个平面内进行插补运动。用 G17 表示在 XY 平面内加工，G18 表示在 ZX 平面内加工，G19 表示在 YZ 平面内加工。

5. 绝对值编程 G90、增量值编程 G91

（1）绝对尺寸指令 G90：ISO 代码中绝对尺寸指令用 G90 指定。它表示程序段中的尺寸字为绝对坐标值，即从编程零点开始的坐标值。例如刀具由起始点 A 直线插补到目标点 B，如图 5.7 所示。用 G90 编程时程序为：

G90 G01 X60. Y50. F100；

即 X60. Y50. 为 B 点相对于编程坐标系 X、Y 坐标的绝对尺寸。

（2）增量尺寸指令 G91：ISO 代码中增量尺寸指令用 G91 指定，它表示程序段中的尺寸字为增量坐标值，即刀具运动的终点相对于起点坐标值的增量。仍以图 5.7 为例，当用 G91 编程时程序为：

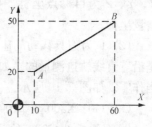

图 5.7　G90、G91 编程举例

G91 G01 X50. Y30. F100；

即 X50. Y30. 为目标点 B 相对于起始点 A 的增量值。

在实际编程中，是选用 G90 还是选用 G91，要根据具体的零件确定。如图 5.8 所示，图 5.8（a）的尺寸都是根据零件上某一设计基准给定的，这时我们可以选用 G90 编程。图 5.8（b）的尺寸我们就应该选用 G91 编程，这样就避免了在编程时各点坐标的计算。

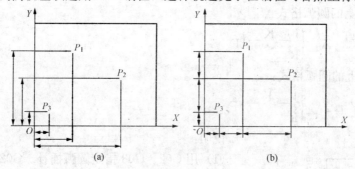

|(a)|(b)|

图 5.8　零件尺寸

6. 快速点定位 G00

格式：G00　X＿ Y＿ Z＿；

说明：

（1）用 G00 指定点定位，命令刀具以点位控制方式，从刀具所在点以最快的速度，移动到目标点。X、Y、Z 为目标点坐标。

（2）当用绝对指令时，X、Y、Z 为目标点在工件坐标系中的坐标；当用增量坐标时，X、Y、Z 为目标点相对于起始点的增量坐标，即编程时编制刀具移动的距离，不运动的坐标可以不写。

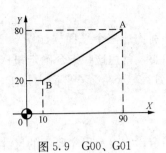

图 5.9　G00、G01
编程举例

如图 5.9 所示，刀具从 A 点快速移动到 B 点，其程序为：

G90　G00　X10.0　Y20.0;　　　　绝对尺寸指令

G91　G00　X−80.0　Y−60.0;　　　增量尺寸指令

（3）刀具分别以每轴的快速移动速度定位，刀具轨迹一般不是直线。其移动速度为系统设定的最高速度，不能在地址 F 中指定。

7. 直线插补 G01

格式：G01　X＿Y＿Z＿F＿;

说明：

（1）直线插补 G01 的作用是指令两个（或三个坐标）以联动的方式，按指定的进给速度 F 值，插补加工出任意斜率的平面（或空间）直线，X、Y、Z 为目标点坐标。可以用绝对值坐标，也可以用增量坐标。

（2）F 为刀具移动的速度，用 F 代码指令的进给速度是沿着直线轨迹测量的。如果 F 代码不指令，进给速度被当作零。如图 5.10 所示。

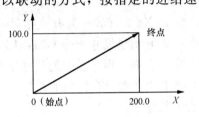

图 5.10　G01 编程举例

G91 G01 X200.0 Y100.0 F200.0

8. 圆弧插补 G02、G03

在 XY 平面上的圆弧格式：

$$G17 \begin{Bmatrix} G02 \\ G03 \end{Bmatrix} X\_ Y\_ \begin{Bmatrix} I\_ J\_ \\ R\_ \end{Bmatrix} F\_;$$

在 ZX 平面上的圆弧格式：

$$G18 \begin{Bmatrix} G02 \\ G03 \end{Bmatrix} X\_ Z\_ \begin{Bmatrix} I\_ K\_ \\ R\_ \end{Bmatrix} F\_;$$

在 YZ 平面上的圆弧格式：

$$G19 \begin{Bmatrix} G02 \\ G03 \end{Bmatrix} Y\_ Z\_ \begin{Bmatrix} J\_ K\_ \\ R\_ \end{Bmatrix} F\_;$$

说明：

（1）用 G02、G03 指定圆弧插补。G02 表示顺圆插补，G03 表示逆圆插补。圆弧的顺逆时针方向如图 5.11 所示，判断方法是：沿圆弧所在平面（如 X，Y）向另一个坐标的负方向（−Z）看去，顺时针方向为 G02，逆时针方向为 G03。

（2）G17、G18、G19 为圆弧插补平面选择指令。以此来确定被加工表面所在平面，G17 可以省略。X、Y、Z 为圆弧终点坐标值，可以用绝对值坐标，也可以用增量坐

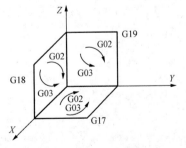

图 5.11　圆弧顺逆的区分

标，由 G90 和 G91 决定。在增量方式下，圆弧终点坐标是相对于圆弧起点的增量值。I、J、K 表示圆弧圆心的坐标，它是圆心相对于圆弧起点在 X、Y、Z 轴方向上的增量值，也可以理解为圆弧起点到圆心的矢量（矢量方向指向圆心）在 X、Y、Z 轴上的投影，与前面定义

的 G90 或 G91 无关。I、J、K 为零时可以省略。F 规定了沿圆弧切向的进给速度。

例 5-1 下面以图 5.12 为例，说明 G02、G03 的编程方法，设刀具从 A 开始沿 A、B、C 切削。

采用绝对值编程：

G92 X200.0 Y40.0 Z0；

G90 G03 X140.0 Y100.0 R60.0 F300.；

G02 X120.0 Y60.0 R50.0；

或

G92 X200.0 Y40.0 Z0；

G90 G03 X140.0 Y100.0 I-60.0 F300.；

G02 X120.0 Y60.0 I-50.0；

采用增量值编程：

G91 G03 X-60.0 Y60.0 R60.0 F3 000.；

G02 X-20.0 Y-40.0 I-50.0；

或

G91 G03 X-60.0 Y60.0 I-60.0 F300.；

G02 X-20.0 Y-40.0 I-50.0；

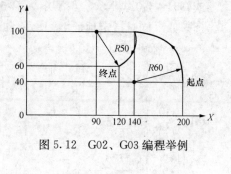

图 5.12　G02、G03 编程举例

（3）整圆编程时不可以使用 R，只能使用 I、J、K。

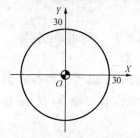

图 5.13　整圆编程举例

图 5.13 为一封闭圆，现设起刀点在坐标原点 O。加工是从 O 快速移动至 A 逆时针加工整圆。用绝对尺寸编程：

用绝对尺寸编程：

N10 G92 X0 Y0 Z0.；

N20 G90 G00 X30. Y0；

N30 G03 I-30. J0 F100；

N40 G00 X0 Y0；

用增量尺寸编程：

N20 G91 G00 X30. Y0；

N30 G03 I-30. J0 F100；

N40 G00 X-30. Y0；

（4）在使用 R 的圆弧插补中，由于在同一圆弧半径 R 的情况下，从起点 A 到终点 B 的圆弧可能有两个（如图 5.14 所示）即圆弧段 1 和圆弧段 2。为了区别二者，特规定圆弧所对应的圆心角为小于等于 180°时（圆弧段 1）用"+R"；圆心角大于 180°的圆弧（圆弧段 2）用"-R"。

由图 5.14 可知 A、B 两点的坐标为 A（-40，-30），B（40，-30）。

圆弧段 1 程序为：

G90　G03　X40.　Y-30.　R50.　F100；

或 G91　G03　X80.　Y0.　R50.　F100；

圆弧段 2 程序为：

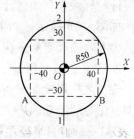

图 5.14　R 编程举例

G90　G03　X−40.　Y−30.　R−50.　F100；

或 G91　G02　X80.　Y0.　R−50.　F100；

（5）如果同时指定地址 I、J、K 和 R 的话，用地址 R 指定的圆弧优先，其他被忽略。

9. 螺旋插补 G02、G03

$$G17 \begin{Bmatrix} G02 \\ G03 \end{Bmatrix} X\_\_ Y\_\_ \begin{Bmatrix} I\_\_ J\_\_ \\ R\_\_ \end{Bmatrix} \alpha（\beta）\_\_；F\_\_；$$

$$G18 \begin{Bmatrix} G02 \\ G03 \end{Bmatrix} X\_\_ Z\_\_ \begin{Bmatrix} I\_\_ K\_\_ \\ R\_\_ \end{Bmatrix} \alpha（\beta）\_\_；F\_\_；$$

$$G19 \begin{Bmatrix} G02 \\ G03 \end{Bmatrix} Y\_\_ Z\_\_ \begin{Bmatrix} J\_\_ K\_\_ \\ R\_\_ \end{Bmatrix} \alpha（\beta）\_\_；F\_\_；$$

说明：

（1）螺旋移动的螺旋线插补可指令 2 个与圆弧插补轴同步移动的其他轴。指令方法只是简单地加上一个不是圆弧插补轴的移动轴。如图 5.15 所示。

（2）只对圆弧进行刀具半径补偿，在指令螺旋线插补的程序段中不能指令刀具偏置和刀具长度补偿。

（3）α、β 是圆弧插补不用的任意一个轴，最多能指定两个其他轴。

10. 暂停（G04）

作用：在两个程序段之间产生一段时间的暂停。

格式：G04 P__；或 G04 X__；

地址 P 或 X 给定暂停的时间，以秒为单位，范围是 0.001 5～9 999.999s。如果没有 P 或 X，G04 在程序中的作用与 G09 相同。

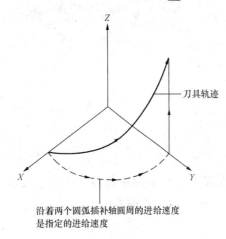

刀具轨迹

沿着两个圆弧插补轴圆周的进给速度
是指定的进给速度

图 5.15　螺旋插补

5.3.2　刀具补偿

1. 刀具半径补偿

当使用半径为 R 的圆柱铣刀加工零件轮廓时，刀具中心的运动轨迹并不与零件的轮廓重合，而是偏离零件轮廓一个刀具半径 R 的距离。如果数控装置不具备刀具半径自动补偿功能，则编程人员只能按刀心轨迹编程，其数值计算有时相当复杂。尤其当由于刀具磨损、重磨、更换新刀而导致刀具直径变化时，必须重新计算刀心轨迹，对原有程序进行修改后才能继续加工。数控机床配备刀具半径自动补偿功能，就是为了使编程人员在编程时可以直接按零件轮廓编程，而将计算刀具中心轨迹的任务交由控制器去处理。

如图 5.16 所示，如果不使用刀具补偿功能，编程人员只能按零件轮廓及刀具半径计算刀具中心轨迹后，然后按刀具中心轨迹编程，这显然增加了编程工作量。

2. 刀具半径补偿指令 G41、G42、G40

现代数控系统都配备了刀具半径自动补偿功能，可以根据零件轮廓及刀具补偿自动计算出刀具中心的运动轨迹。刀具半径补偿的指令包括：

G41——刀具半径左补偿。如图 5.17（a）所示，沿刀具前进的方向来看，刀具中心在零件轮廓的左侧。

G42——刀具半径右补偿如图 5.17 （b）所示，沿刀具前进的方向来看，刀具中心在零件轮廓的右侧。

G40——取消刀具半径补偿。

刀具半径补偿的过程分为三步：

（1）刀补的建立。刀补的建立是在刀具接近工件时所特意安排的一个程序段，该程序中包含有刀补指令 G41 或 G42，并且在该程序段或之前指定了一个刀具补偿号 D __。图 5.16 中，刀具中心由 $A \rightarrow B$ 的运动段是刀具接近工件前的最后一个程序段，在此程序段中写入 G41，再指定一个刀具补偿号，并将刀补值设置为刀具半径值，则刀具中心将由 A 点移动到 B' 点，即由于刀补的作用刀具中心的轨迹相对于编程轨迹发生了变化。

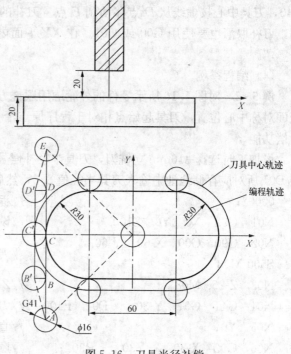

图 5.16　刀具半径补偿

刀补建立的指令格式：

$$\begin{Bmatrix} G17 \\ G18 \\ G19 \end{Bmatrix} \begin{Bmatrix} G00 \\ G01 \end{Bmatrix} \begin{Bmatrix} G41 \\ G42 \end{Bmatrix} X\_\ Y\_\ Z\_\ D\_\ (F\_) ;$$

$$\begin{Bmatrix} G00 \\ G01 \end{Bmatrix} G40 X\_\ Y\_\ (F\_) ;$$

其中，G17、G18、G19 用来指定补偿平面，刀具补偿只在给定的补偿平面内进行，而在第 3 坐标轴方向上不作补偿，但可以照常移动。G00 或 G01 为刀补运动指令，由于刀补建立必须在补偿平面内由坐标轴移动，因此该运动指令是必须的。

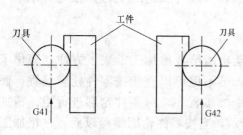

图 5.17　刀具补偿判断

由于刀具半径补偿多数在 XY 平面进行；制定加工工艺时，又多数采用顺铣；刀补建立是用 G01 又比用 G00 安全。因此，刀补建立使用最多的格式是：

（G17）G41 G01 X __ Y __ D __ ;

（2）刀补执行。在 G41 或 G42 程序段后，刀具中心始终与编程轨迹偏离一个刀具补偿值，直到刀补取消。图 5.16 中刀具在补偿状态下由 B' 点沿虚线移动刀 C' 点后按图中刀具中心轨迹运动加工出零件轮廓，到达 C' 点后在沿虚线移动到 D' 点，此段区间为刀补执行阶段。

（3）刀补的取消 G40。刀补的取消是在刀具退离工件后所特意安排的一个程序段，该程序段中包含有刀补取消指令 G40。图 5.16 中的 $D \to E$ 移动段，由于在该程序段中包含有 G40，刀具中心按虚线从 D' 点移动到 E 点。刀补的取消也必须在移动的程序段中完成，因此，刀补取消也要使用 G00 或 G01。在 XY 平面内刀补取消的指令格式为"G40 G01X ＿ Y＿;"。

（4）编程举例。

例 5-2 对图 5.16 所示零件的外轮廓用顺铣方式进行铣削加工，程序原点选在零件上表面对称中心位置，刀具起始点相对于程序原点沿 Z 轴上移 100mm，程序中使用刀具半径补偿功能。

设加工时选择 ϕ16mm 立铣刀，刀具半径补偿号选 D01，则加工零件前应在 MDI 方式下在 D01 所对应存储地址中输入刀具半径值 8.0，然后执行程序。数控程序如下：

00002;				//程序号 00002
N01	G92	X0	Y0	Z100.	//设定工件坐标系，给出刀具起始点坐标值
N02	G90	G00	X-60.	Y-60.	//刀具快速定位，主轴正转 500r/min
S500 M03				
N03	Z-25. M08				//Z 轴快速下刀，切削液开
N04	G41	G01	Y-30.	D01 F100;	//刀具半径左补偿，补偿号 D01
N05	Y0;				//直线插补至 Y0
N06	G02	X-30.	Y30.	R30.;	//顺时针圆弧插补切削右边 R30 圆弧段
N09	G01	X30.;			//直线插补切削直线段
N10	G02	Y-30.	R30.;		//顺时针圆弧插补切削圆弧段
N11	G01	X-30.;			//直线插补方式刀具离开工件
N12	G02	X-60.	Y0.	R30.;	//取消刀补，切削液关
N13	G40	G01	Y60.	M09;	//刀具快移至刀具起始点高度，主轴停止
N14	Z100.	M05;			//刀具在 XY 平面返回刀具起始点程序结束
N15	X0	Y0;			
N16	M30;				

刀具半径补偿功能给数控加工带来了方便，简化了编程工作。编程人员不但可以直接按零件轮廓编程，而且还可以用同一个加工程序，对零件轮廓进行粗、精加工，如图 5.18 所示，当按零件轮廓编程以后，在粗加工零件时可以把偏置量设为 $r+\Delta$，其中 r 为铣刀半径，Δ 为精加工所留余量，加工完后再把偏置量设为 r，然后再进行精加工。

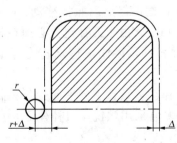

图 5.18 刀补功能利用之一

3. 刀具长度补偿

刀具长度补偿一般用于刀具轴向（Z 方向）的补偿，它使刀具在 Z 方向上的实际位移量比程序给定值增加或减少一个偏置量，这样当刀具在长度方向的尺寸发生变化时，可以在不改变程序的情况下，通过改变偏置量，使刀具到达程序中给定的 Z 轴深度位置。

以图 5.19 为例，图（a）表示用标准长度的钻头钻孔，钻头快速下降 L_1 后以切削进给

的速度下降 L_2，钻出要求的孔深；图（b）表示钻头经刃磨后长度方向上尺寸减少了 ΔL，如仍按原程序运行而未对刀具的磨损进行补偿，则钻孔深度也将减少 ΔL。要改变这一状况，靠改变程序是非常麻烦的，而使用刀具长度补偿功能则可以通过修改刀具长度补偿的方法加以解决。图（c）表示修改长度补偿值后，使钻头快速下降的深度变为 $L_1 + \Delta L$，钻孔时就可以使刀具加工到图样上给定的钻孔深度。

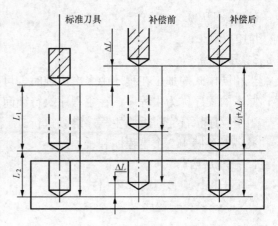

图 5.19　刀具长度补偿示例

4. 刀具长度补偿指令 G43、G44、G49

指令格式：

$$\begin{Bmatrix} G00 \\ G01 \end{Bmatrix} \begin{Bmatrix} G43 \\ G44 \end{Bmatrix} Z\_\_ H\_\_ ;$$

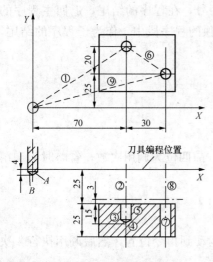

图 5.20　G43 编程举例

其中，G43 为刀具长度正补偿，当输入的补偿值为正值，刀具沿正向偏移；G44 为刀具长度负补偿，当输入的补偿值为正值时，刀具沿负向偏移，Z__ 为目标点坐标值，H__ 为刀具补偿值的存储地址。执行程序前应在 MDI 方式下输入刀具长度补偿值。

使用 G43、G44 时，不管用绝对坐标编程还是用增量坐标编程，程序中指定的 Z 轴移动值都要与 H 代码指令的存储器地址中的偏移量进行运算。G43 时相加，G44 时相减。然后把运算结果作为 Z 轴终点坐标值进行刀具的移动。G43、G44 均为模态代码。

G49 为取消刀具长度补偿指令。

例 5 - 3　用 G43 指令编程加工图 5.20 所示的孔。图中 A 为程序起点，加工路线为①→②→③→④→⑤→⑥→⑦→⑧→⑨。刀具安装后，刀尖的实际位置比编程给定的位置长出 4mm，则可按刀具正向偏移的要求，在 H01 存储器存入偏置量正值 "4.00"，然后执行如下程序：

O 0001；	//程序号为 O0001
N01　G91　G00　X70. S600　M03；	//增量方式，刀具快速定位到第 1 个孔
N02　G43　Z-22. H01；	//刀具长度正补偿，实际下刀距离为 18cm
N03　G01　Z-18.　F100　M08；	//钻 15mm 深的孔，切削液开
N04　G04　X2. ；	//暂停指令，刀具在孔底暂停时间为 2s
N05　G00　Z18. ；	//快速提刀到零件表面以上 3mm
N06　X30.　Y-20. ；	//刀具快速定位到第 2 个孔
N07　G01　Z-33.　F100；	//加工通孔，钻尖钻出孔底面 5mm
N08　G00　G49　Z55.　M09；	//刀具沿 Z 轴快速返回并取消刀补，切削液关

N09　X-100.　　Y-25.；　　　　　//刀具沿 X、Y 方向返回到初始位置

N10　M30；　　　　　　　　　　//程序结束

5.3.3　子程序

当相同模式的加工在程序中多次出现时，可把这个模式编成一个程序，该程序称为子程序；原来的程序称为主程序。在主程序执行期间出现子程序执行指令时，就执行子程序的指令，当子程序执行完时返回主程序继续执行。

最多能存储 400 个主程序和子程序。

1. 子程序的格式

一个子程序应该具有如下格式：

O××××；子程序号

……；⎫

……；⎬　子程序内容

……；⎭

M99；　　　　返回主程序

在程序的开始，应该有一个由地址 O 指定的子程序号，在程序的结尾，返回主程序的指令 M99 是必不可少的。M99 可以不必出现在一个单独的程序段中，作为子程序的结尾，这样的程序段也是可以的。

G90　G00　X0　Y100　M99；

2. 调用子程序的编程格式

M98P＿＿；

M98P×××××××；

式中，P 表示子程序调用情况。P 后共有 8 位数字，前四位为调用次数，省略时为调用一次；后四位为所调用的子程序号。

子程序调用指令可以和运动指令出现在同一程序段中：

G90　G00　X－75　Y50　Z53　M98　P40035；

该程序段指令 X、Y、Z 三轴以快速定位进给速度运动到指令位置，然后调用执行 4 次35 号子程序。

3. 子程序的执行举例

例 5 - 4　如图 5.21 所示，编制图示轮廓的加工程序，设刀具起点距工件上表面 50mm，切削深度 3mm。

//子程序（加工图形 1 的程序）

O0010

N01　G41　G91　G01　X30　Y-5　D01　F50

N02　Y5

N03　G02　X20　I10

N04　X-10　I-5

N05　G03　X-10　I-5

N06　G0　Y-5

N07　G40　X-30　Y5

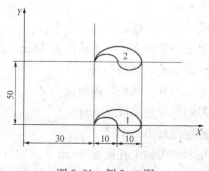

图 5.21　例 5 - 4 图

N08　M99

　　//主程序

O 0020

N11　G54　G90　G17　M03　S600

N12　G0　X0　Y0

N13　G43　G0　Z5　H01

N14　G01　Z-3　F50

N15　M98　P0010　　　　　　//加工图形 1

N16　G90　Y50

N17　M98　P0010　　　　　　//加工图形 2

N18　G90　G49　Z50

N19　M05

N20　M30

4. 使用子程序的注意事项

（1）主程序中的模态 G 代码可被子程序中同一组的其他 G 代码所更改。

（2）最好不要在刀具补偿状态下的主程序中调用子程序，因为当子程序中连续出现二段以上非移动指令或非刀补平面轴运动指令时很容易出现过切等错误。

5.3.4　图形变换功能

1. 比例及镜向功能 G51、G50

（1）各轴按相同比例编程。

编程格式：

G51X＿Y＿Z＿P＿

……

G50

式中，X、Y、Z 为比例中心坐标（绝对方式）；P 为比例系数，最小输入量为 0.001，比例系数的范围为：0.001～999.999。该指令以后的移动指令，从比例中心点开始，实际移动量为原数值的 P 倍。P 值对偏移量无影响。

例 5 - 5　如图 5.22 所示，起刀点为 X10 Y-10，编程如下：

O0001　　　　　　　　//主程序

N100 G92 X-50 Y-40

N110 G51 X0 Y0 P2

N120 M98 P 0100

N130 G50

N140 M30

O0100　　　　　　　　//子程序

N10 G00 G90 X0. Y-10. F100

N20 G02 X0. Y10. I0. J10.

N30 G01 X15. Y0.

N40 G01 X0. Y-10.

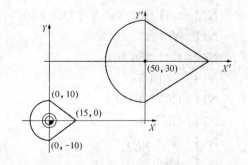

图 5.22　例 5 - 5 图

N50 M99　　　　　　　　//子程序返回

（2）各轴以不同比例编程。各个轴可以按不同比例来缩小或放大，当给定的比例系数为－1时，可获得镜像加工功能。

编程格式：

G51X＿Y＿Z＿I＿J＿K＿

……

G50

式中，X、Y、Z 为比例中心坐标；I、J、K 为对应 X、Y、Z 轴的比例系数，在±0.001～±9.999 范围内。本系统设定 I、J、K 不能带小数点，比例为 1 时，应输入 1 000，并在程序中都应输入，不能省略。

2. 坐标系旋转功能 G68、G69

G68、G69 指令可使编程图形按照指定旋转中心及旋转方向旋转一定的角度，G68 表示开始坐标系旋转，G69 用于撤销旋转功能。

编程格式：

G68X＿Y＿R＿

……

G69

式中，X、Y 为旋转中心的坐标值（可以是 X、Y、Z 中的任意两个，它们由当前平面选择指令 G17、G18、G19 中的一个确定）。当 X、Y 省略时，G68 指令认为当前的位置即为旋转中心。R 为旋转角度，逆时针旋转定义为正方向，顺时针旋转定义为负方向。

当程序在绝对方式下时，G68 程序段后的第一个程序段必须使用绝对方式移动指令，才能确定旋转中心。如果这一程序段为增量方式移动指令，那么系统将以当前位置为旋转中心，按 G68 给定的角度旋转坐标。

例 5 - 6　如图 5.23 所示，编制图示轮廓的加工程序，设刀具起点距工件上表面 50mm，切削深度 3mm。

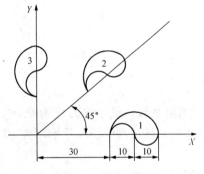

图 5.23　例 5 - 6 图

子程序（加工图形 1 的程序）

O0010

N10　G41 G01 X30 Y-5 D01 F50

N11　Y0

N12　G02 X50 I10

N13　X40 I-5

N14　G03 X300 I-5

N15　G0 Y-5

N16　G40 X0 Y0

N17　M99

主程序

O0020

N110　G54 G90 G17 G00 X0 Y0 Z50 M03 S600

N120　G43 G0 Z5 H01

N130　G01 Z-3 F50

N140　M98 P0010　//加工图形 1

N150　G68 X0 Y0 R45　//旋转 45 度

N160　M98 P0010　//加工图形 2

N170　G68 X0 Y0 R90　//旋转 90 度

N180　M98 P0010　//加工图形 3

N190　G69

N200　G49 G00 Z50

N210　M05

N220　M30

3. 坐标系旋转功能与刀具半径补偿功能的关系

旋转平面一定要包含在刀具半径补偿平面内。

以图 5.24 为例：

N10 G92 X0 Y0

N20 G68 G90 X10 Y10 R-30

N30 G90 G42 G00 X10 Y10 F100 H01

N40 G91 X20

N50 G03 Y10 I-10 J5

N60 G01 X-20

N70 Y-10

N80 G40 G90 X0 Y0

N90 G69 M30

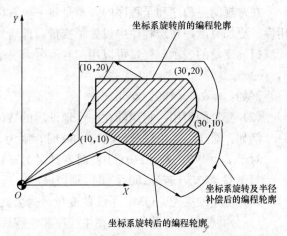

图 5.24　坐标系旋转功能与刀具半径补偿功能的关系

当选用半径为 $R5$ 的立铣刀时，设置：H01＝5。

4. 比例编程功能与刀具半径补偿功能的关系

在比例模式时，再执行坐标旋转指令，旋转中心坐标也执行比例操作，但旋转角度不受影响，这时各指令的排列顺序如下：

G51……

G68……

……

G41/G42……

……

G40……

G69……

5.4 宏 程 序

5.4.1 A类宏程序功能

用户宏功能是提高数控机床性能的一种特殊功能，使用中，通常把能完成某一功能的一系列指令像子程序一样存入存储器，然后用一个总指令代表它们，使用时只需给出这个总指令就能执行其功能。

用户宏功能主体是一系列指令，相当于子程序体。即可以由机床生产厂提供，也可以由机床用户自己编制。

宏指令是代表一系列指令的总指令，相当于子程序调用指令。

用户宏功能的最大特点是，可以对变量进行运算，使程序应用更加灵活、方便。

用户宏功能有 A、B 两种类型。

1. 变量

在常规的主程序和子程序内，总是将一个具体的数值赋给一个地址。为了使程序更具通用性、更加灵活，在宏程序中设置了变量，即将变量赋给一个地址。

(1) 变量的表示。变量可以用"♯"号和跟其后的变量序号来表示：$\#i$、I（$=1$，2，3，…）

例如：$\#5$，$\#109$，$\#501$。

(2) 变量的引用。将跟随在一个地址后的数值用一个变量来代替，既引入了变量。

例如：对于 $F\#103$，若 $\#103=50$ 时，则为 F50；

对于 $Z\text{-}\#110$，若 $\#110=100$ 时，则 Z 为 -100；

对于 $G\#130$，若 $\#130=3$ 时，则为 G03。

(3) 变量的类型。OMC 系统的变量分为公共变量和系统变量两类。

1) 公共变量。公共变量是在主程序和主程序调用的各用户宏程序内公用的变量。也就是说，在一个宏指令中的 $\#i$ 与在另一个宏指令中的 $\#i$ 是相同的。

公共变量的序号为 $\#100\sim\#131$，$\#500\sim\#531$。

$\#100\sim\#131$ 公共变量在电源断电后即清零，重新开机时被设置为 0；$\#500\sim\#531$ 公共变量即使断电后，它们的值也保持不变，因此也称为保持型变量。

2) 系统变量。系统变量定义为：有固定用途的变量，它的值决定系统的状态。

系统变量包括刀具偏置变量，接口的输入/输出信号变量，位置信息变量等。

系统变量的序号与系统的某种状态有严格的对应关系。例如：刀具偏置变量序号为 $\#01\sim\#99$，这些值可以用变量替换的方法加以改变，在序号 $1\sim99$ 中，不用作刀具偏置变量的变量可用作保持型公共变量 $\#500\sim\#531$。

接口输入信号 $\#1000\sim\#1015$，$\#1032$。通过阅读这些系统变量，可以知道各输入入口的情况。当变量值为 1 时，说明节点闭合；当变量值为 0 时，表明接点断开，这些变量的数值不能被替换阅读变量 $\#1032$。所有输入信号一次读入。

2. 宏指令 G65

宏指令 G65 可以实现丰富的宏功能，包括算术运算、逻辑运算等处理功能。

一般形式：$G65\ Hm\ P\#i\ Q\#j\ R\#k$

其中，m 为宏程序功能，数值范围 01～99；#i 为运算结果存放处的变量名；#j 为被操作的第一个变量，也可以是一个常数；#k 为被操作的第二变量，也可以是一个常数。

例如，当程序功能为加法运算时：

程序 P#100 Q#100 R#102…含义为#100＝#101＋#102

程序 P#100 Q#101 R#102…含义为#100＝#101＋#102

程序 P#100 Q#101 R15… 含义为#100＝#101＋15

3. 宏功能指令

(1) 算术运算指令（表 5.3）。

表 5.3　　　　　　　　　　算 术 运 算 指 令

G 码	H 码	功　能	定　义
G65	H01	定义与替换	$\#i=\#j$
G65	H02	加	$\#i=\#j+\#k$
G65	H03	减	$\#i=\#j-\#k$
G65	H04	乘	$\#i=\#j\times\#k$
G65	H05	除	$\#i=\#j/\#k$
G65	H21	平方根	$\#i=\sqrt{\#j}$
G65	H22	绝对值	$\#i=|\#j|$
G65	H23	求余	$\#i=\#j\cdot\mathrm{trunc}(\#j/\#k)\cdot\#k$ Trunc；丢弃小于 1 的分数部分
G65	H24	BCD 码→二进制码	$\#i=\mathrm{BIN}(\#j)$
G65	H25	二进制码→BCD 码	$\#i=\mathrm{BCD}(\#j)$
G65	H26	复合乘/除	$\#i=(\#i\times\#j)\div\#k$
G65	H27	复合平方根 1	$\#i=\sqrt{\#j^2+\#k^2}$
G65	H28	复合平方根 2	$\#i=\sqrt{\#j^2-\#k^2}$

1）变量的定义和替换 #i＝#j

编程格式：G65 H01 P#i Q#j

例：G65 H01 P#101 Q1 005（#101＝1 005）

　　G65 H01 P#101 Q−#112（#101＝−#112）

2）加法 #i＝#j＋#k

编程格式：G65 H02 P#i Q#j R#k

例：G65 H02 P#101 Q#102 R#103；（#101＝#102＋#103）

3）减法 #i＝#j−#k

编程格式：G65 H03 P#i Q#j R#k

例：G65 H03 P#101 Q#102 R#103；（#101＝#102−#103）

4）乘法 #i＝#j×#k

编程格式：G65 H04 P#i Q#j R#k

例：G65 H04 P#101 Q#102 R#103；（#101＝#102×#103）

5）除法 #i＝#j/#k

编程格式：G65　H05　P#i　Q#j　R#k

例：G65　H05　P#101　Q#102　R#103；（#101＝#102/#103）

6）平方根 $\#i=\sqrt{\#j}$

编程格式：G65　H21　P#i　Q#j

例：G65　H21　P#101　Q#102；（$\#101=\sqrt{\#102}$）

7）绝对值 #i＝|#j|

编程格式：G65　H22　P#i　Q#j

例：G65　H22　P#101　Q#102；（#101＝|#102|）

8）复合平方根 1　$\#i=\sqrt{\#j^2+\#k^2}$

编程格式：G65　H27　P#i　Q#j　R#k

例：G65　H27　P#101　Q#102　R#103；（$\#101=\sqrt{\#102^2+\#103^2}$）

9）复合平方根 2　$\#i=\sqrt{\#j^2-\#k^2}$

编程格式：G65　H28　P#i　Q#i　R#k

例：G65　H28　P#101　Q#102　R#103；（$\#101=\sqrt{\#102^2-\#103^2}$）

（2）逻辑运算指令（表 5.4）。

表 5.4　　逻辑运算指令

G 码	H 码	功　能	定　义
G65	H11	逻辑"或"	#i＝#jOR#k
G65	H12	逻辑"与"	#i＝#jAND#k
G65	H13	异　或	#i＝#jXOR#k

1）逻辑"或" #i＝#jOR#k

编辑格式：G65　H11　P#i　Q#j　R#k

例：G65　H11　P#　101　Q102　R#103；（#101＝　OR　#103）

2）逻辑"与" #i＝#jAND#k

编辑格式：G65　H12　P#i　Q#j　R#k

例：G65　H12　P#101　Q#102　R#103；（#101＝#102　AND　#103）

（3）三角函数指令（表 5.5）。

表 5.5　　三角函数指令

G 码	H 码	功　能	定　义
G65	H31	正弦	$\#i=\#j\cdot\sin(\#k)$
G65	H32	余弦	$\#i=\#j\cdot\cos(\#k)$
G65	H33	正切	$\#i=\#j\cdot\tan(\#k)$
G65	H34	反正切	$\#i=\tan^{-1}(\#j/\#k)$

1）正弦函数 $\#i=\#j\cdot\sin(\#k)$

编程格式：G65 H31 P#i Q#j R#k（单位：度）

例：G65 H31 P#101 Q#102 R#103；（#101＝#102×sin（#103））

2) 余弦函数 ♯ i= ♯j・cos（♯k）

编程格式：G65 H32 P♯i Q♯j R♯k（单位：度）

例：G65 H32 P♯101 Q♯102 R♯103；（♯101＝♯102×sin（♯103））

3) 正切函数 ♯ i= ♯ j・tan（♯k）

编程格式：G65 H33 P♯i Q♯j R♯k（单位：度）

例：G65 H33 P♯101 Q♯102 R♯103；（♯101＝♯102×sin（♯103））

4) 反正切 ♯ i=tan^{-1}（♯j/♯k）

编程格式：G65 H33 P♯i Q♯j R♯k（单位：度）

例：G65 H34 P♯101 Q♯102 R♯103；（♯101＝♯102×sin（♯103））

（4）控制类指令（表 5.6）。

表 5.6   控 制 类 指 令

G 码	H 码	功　能	定　义
G65	H80	无条件转移	GO TO n
G65	H81	条件转移 1	IF ♯ j＝ ♯ k, GOTOn
G65	H82	条件转移 2	IF ♯ j≠ ♯ k, GOTOn
G65	H83	条件转移 3	IF ♯ j＞ ♯ k, GOTOn
G65	H84	条件转移 4	IF ♯ j＜ ♯ k, GOTOn
G65	H85	条件转移 5	IF ♯ j≥ ♯ k, GOTOn
G65	H86	条件转移 6	IF ♯ j≤ ♯ k, GOTOn
G65	H99	产生 PS 报警	PS 报警号 500＋n 出现

1) 无条件转移。

编程格式：G65 H80 Pn（n 为程序段号）

例：G65 H80 P120（转移到 N120）

2) 条件转移 1 ♯j EQ ♯k（＝）

编程格式：G65 H81 Pn Q♯j R♯k（n 为程序段号）

例：G65 H81 P1 000 Q♯101 R♯102

当♯101＝♯102，转移到 N1 000程序段，若♯101≠♯102，执行下一段程序段

3) 条件转移 2 ♯j NE ♯k（≠）

编程格式：G65 H82 Pn Q♯j R♯k（n 为程序段号）

例：G65 H82 P1 000 Q♯101 R♯102

当♯101≠♯102，转移到 N1000程序段，若♯101＝♯102，执行下一段程序段

4) 条件转移 3 ♯j GT ♯k（＞）

编程格式：G65 H83 Pn Q♯j R♯k（n 为程序段号）

例：G65 H83 P1 000 Q♯101 R♯102

当♯101＞♯102，转移到 N1 000程序段，若♯101≤♯102，执行下一段程序段

5) 条件转移 4 ♯j LT ♯k（＜）

编程格式：G65 H84 Pn Q♯j R♯k（n 为程序段号）

例：G65 H84 P1 000 Q♯101 R♯102

当♯101＜♯102，转移到 N1 000程序段，若♯101≥♯102，执行下一段程序段

6）条件转移 5 ♯j GE ♯k（＜）

编程格式：G65 H85 Pn Q♯j R♯k（n 为程序段号）

例：G65 H85 P 1000 Q♯101 R♯102

当♯101≥♯102，转移到 N 1 000程序段，若♯101＜♯102，执行下一段程序段

7）条件转移 6 ♯j GE ♯k（＜）

编程格式：G65 H85 Pn Q♯j R♯k（n 为程序段号）

例 G65 H86 P 1 000 Q♯101 R♯102

当♯101≤♯102，转移到 N 1000；若♯101＞♯102，执行下一程序段。

4. 使用注意

为保证宏程序的正常运行，在使用用户宏程序的过程中，应注意以下几点：

1）由 G65 规定的 H 码不影响偏移量的任何选择。

2）如果用于各算术运算的 Q 或 R 未被规定，则作为 0 处理。

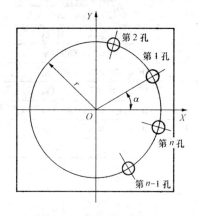

图 5.25　等分孔计算方法

3）在分支转移目标地址中，如果序号为正值，则检索过程是先向大程序号查找，如果序号为负值，则检索过程是先向小程序查找。

4）转移目标序号可以是变量。

5. 用户宏程序应用举例

例 5-7　用宏程序和子程序功能顺序加工圆周等分孔。设圆心在零点，它在机床坐标系中的坐标为(X, Y)，在半径为 r 的圆周上均匀地钻几个等分孔，起始角度为 α，孔数为 n，以零件上表面为 Z 向零点。见图 5.25。

使用以下保持型变量：

　　♯502：半径 r；

　　♯503：起始角度 α；

♯504：孔数，当 n＞0 时，按逆时针方向加工，当 n＜0 时，按顺时针方向加工；

　　♯505：孔底 Z 坐标值；

　　♯506：R 平面 Z 坐标值；

　　♯507：F 进给量。

使用以下变量进行操作运算：

♯100：表示第 i 步钻第 i 孔的计数器；

♯101：计数器的最终值（为的绝对值）；

♯102：第 i 个孔的角度位置 θ 的值；

♯103：第 i 个孔的 X 坐标值；

♯104：第 i 个孔的 Y 坐标值；

用户宏程序编制的钻孔子程序如下：

```
O9010
N110    G65 H01 P♯100 Q0              //♯100＝0
N120    G65 H22 P♯101 Q♯504           //♯101＝｜♯504｜
N130    G65 H04 P♯102 Q♯100 R360      //♯102＝♯100×360°
```

N140   G65 H05 P#102 Q#102 R#504   //#102＝#102/#504

N150   G65 H02 P#102 Q#503 R#102   //当前孔角度位置 θ＝a＋（360°×i）/n
//#102＝#503＋#102

N160   G65 H32 P#103 Q#502 R#102   //#103＝#502×cos（#102）当前孔的 X
坐标

N170   G65 H31 P#104 Q#502 R#102   //#104＝#502×sin（#102）当前孔的 Y
坐标

N180   G90 G00 X#103 Y#104   //定位到当前孔（返回开始平面）

N190   G00 Z#506   //快速进到 R 平面

N200   G01 Z#505 F#507   //加工当前孔

N210   G00 Z#506   //快速退到 R 平面

N220   G65 H02 P#100 Q#100 R1   // #100＝#100+1 孔计数

N230   G65 H84 P−130 Q#100 R#101   //当#100<#101 时，向上返回到 130 程
序段

N240   M99   //子程序结束

调用上述子程序的主程序如下：

O0010

N10   G54 G90 G00 X0 Y0 Z20   //进入加工坐标系

N20   M98 P9010   //调用钻空子程序，加工圆周等分孔

N30   Z20   //抬刀

N40   G00 G90 X0 Y0   //返回加工坐标系零点

N50   M30   //程序结束

设置 G54：X＝−400，Y＝−100，Z＝−50。

变量#500～#507 可在程序中赋值，也可由 MDI 方式设定。

例 5-8 根据以下数据，用用户宏程序功能加工圆周等分孔。见图 5.25，在半径为 50mm 的圆周上均匀地钻 8 个 φ10 的等分孔，第一个孔的起始点角度为 30°，设圆心为零点，以零件的上表面为 Z 向零点。

首先在 MDI 方式中，设定以下变量的值：

#502：半径 r 为 50；

#503：起始角度 a 为 30；

#504：孔数 n 为 8；

#505：孔底 Z 坐标值为−20；

#506：R 平面 Z 坐标值为 5；

#507：F 进给量为 50。

加工程序为：

O6100

N10   G54   G90 G00 X0 Y0 Z20

N20   M98   P9 010

N30   G00   G90 X0 Y0

N40　Z20

N50　M30

设置 G54：X＝－400，Y＝－100，Z＝－50。

5.4.2　B 类宏程序功能

如何使用加工中心这种高效自动化机床更好地发挥效益，其关键之一，就是开发和提高数控系统的使用性能。B 类宏程序的应用是提高数控系统使用性能的有效途径。B 类宏程序与 A 类宏程序有许多相似之处，下面就在 A 类宏程序的基础上，介绍 B 类宏程序的应用。

宏程序的定义：由用户编写的专用程序，它类似于子程序，可用规定的指令代码，以便调用。宏程序的代号为宏指令。

宏程序的特点：宏程序可使用变量，可用变量执行相应操作；实际变量值可由宏程序指令赋予变量。

1. 宏程序的简单调用格式

宏程序的简单调用是指在主程序可以被单个程序段多次调用。

调用指令格式：G65 P（宏程序号）L（重复次数）（变量分配）

其中，G65 为宏程序调用指令；P（宏程序号）为被调用的宏程序代号；L（重复次数）为宏程序重复运行的次数，重复次数为 1 时可省略不写；（变量分配）为宏程序中使用的变量赋值。

宏程序与子程序相同点是：一个宏程序可被另一个宏程序调用，最多可调用 4 重。

2. 宏程序的编写格式

宏程序的编写格式与子程序相同。其格式为：

O ＿（0001～8999 为宏程序号）　　　//程序名

N10…　　　　　　　　　　　　　　　//指令

⋮

N ＿ M99　　　　　　　　　　　　　//宏程序结束

上述程序内容中，除通常使用的编程指令外，还可使用变量、算术运算指令及其他控制指令。变量值在宏程序调用指令中赋予。

3. 变量

（1）变量的分配类型。

这类变量中的文字变量与数字序号变量之间由表 5.7 确定的关系。

表 5.7　　　　　　　　　　　文字变量与数字序号变量之间的关系

A	#1	I	#4	T	#20
B	#2	J	#5	U	#21
C	#3	K	#6	V	#22
D	#7	M	#13	W	#23
E	#8	Q	#17	X	#24
F	#9	R	#18	Y	#25
H	#11	S	#19	Z	#26

表 5.7 中，文字变量为除 G，L，N，O，P 以外的英文字母，一般可不按字母顺序排列，但 I，J，K 例外，♯1～♯26 为数字序号变量。

例：G65　P1000　A1.0　B2.0　I3.0

上述程序段为宏程序的简单调用格式，其含义为，调用宏程序号为1000的宏程序运行一次，并为宏程序中的变量赋值，其中♯1为1.0，♯2为2.0，♯4为3.0。

（2）变量的级别。

1）本级变量♯1～♯33

作用于宏程序某一级中的变量称为本级变量，即这一变量在同一程序级中调用时含义相同，若在另一级程序（如子程序）中使用，则意义不同。本级变量主要用于变量间的相互传递，初始状态下未赋值的本级变量即为空白变量。

2）通用变量♯100～♯144，♯500～♯531

可在各级宏程序中被共同使用的变量称为通用变量，即这一变量在不同程序级中调用时含义相同。因此，一个宏程序中经计算得到的一个通用变量的数值，可以被另一个宏程序应用。

（3）算术运算指令。

变量之间进行运算的通常表达形式是：

♯i＝（表达式）♯j

变量的定义和替换

♯i＝♯j

（4）加减的定义和替换。

♯i＝♯j＋♯k　　　//加

♯i＝♯j－♯k　　　//减

♯i＝♯j＊♯k　　　//乘

♯i＝♯j/♯k　　　//除

（5）函数运算。

♯i＝SIN［♯j］　　//正弦函数（单位为度）

♯i＝COS［♯j］　　//余弦函数（单位为度）

♯i＝TANN［♯J］　　//正切函数（单位为度）

♯I＝ATANN［♯J］　//反正切函数（单位为度）

♯i＝SQRT［♯j］　　//平方根

♯i＝SQRT［♯J］　　//绝对值

（6）运算的组合。

以上算术运算和函数运算可以结合在一起使用，运算的先后顺序是：函数运算、乘除运算、加减运算。

（7）括号的应用。

表达式中括号的运算将优先进行。连同函数中使用的括号在内，括号在表达式中最多可用5层。

（8）控制指令。

1）条件转移。

编程格式：IF【条件表达式】GOTOn

以上程序段的含义为：

①如果条件表达式的条件得到满足，则转而执行程序中为 n 的相应操作，程序段号 n 可以由变量或表达式替代。

②如果表达式中条件未满足，则顺序执行下一段程序。

③如果程序作无条件转移，则条件部分可以被省略。

表达式可书写如下：

#i EQ #k	表示＝
#j NE #k	表示≠
#j GT #k	表示＞
#j LT #k	表示＜
#j GE #k	表示≥
#j LE #k	表示≤

2）重复执行。

编程格式：WHILE［条件表达式］DO m（m＝ 1，2，3…）

    ⋮

   END m

上述"WHILE…END m"程序的含义为：

①件表达式满足式，程序段 DO m 即重复执行。

②件表达式不满足式，程序转到 END m 后处执行。

③如果 WHILE［条件表达式］部分被省略，则程序段 DO m 至 END m 之间的部分将一直重复执行。

注意：①WHILE DO m 和 END m 必须成对使用；

   ②DO 语句允许有 3 层嵌套，即：

   DO1

    DO2

     DO3

     END3

    END2

   END1

   ③DO 语句范围不允许交叉，即如下是错误的：

   DO1

    DO2

   END1

    END2

以上仅介绍了 B 类宏程序应用的基本问题，有关应用详细说明，请查阅 FANUC-Oi 系统说明书。

4. 应用举例

图 5.26 所示圆环点阵孔群中各孔的加工，曾经用 A 类 2 宏程序解决过，这里再试用 B 类宏

程序方法来解决这一问题。

宏程序中将用到下列变量：

♯1——第一个孔的起始角度 A，在主程序中用对应的文字变量 A 赋值；

♯3——孔加工固定循环中 R 平面值 C，在主程序中用对应的文字变量 C 赋值；

♯9——孔加工的进给量值 F，在主程序中用对应的文字变量 F 赋值；

♯11——要加工孔的孔数 H，在主程序中用对应的文字变量 H 赋值；

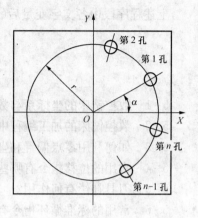

图 5.26　等分孔计算方法

♯18——加工孔所处的圆环半径值 R，在主程序中对应的文字变量 R 赋值；

♯26——孔深坐标值 Z，在主程序中用对应的文字变量 Z 赋值；

♯30——基准点，即圆环形中心的 X 坐标值 X0；

♯31——基准点，即圆环形中心的 Y 坐标 Y0；

♯32——当前加工孔程序的序号 I；

♯33——当前加工第 i 孔的角度；

♯100——已加工孔的数量；

♯101——当前加工孔的 X 坐标值，初值设置为圆环中心的 X 坐标值 X0；

♯102——当前加工孔的 Y 坐标值，初值设置为圆环形中心的 Y 坐标值 Y0。

用户宏程序如下：

```
O8000
N8010    ♯30＝♯101                        //基准点保存
N8020    ♯31＝♯102                        //基准点保存
N8030    ♯32＝1                           //计数位置1
N8040    WHILE［♯32LEABS［11］］DO1        //进入加工循环体
N8050    ♯33＝♯1＋360×［♯32-1］/♯11        //计算第 i 孔的角度
N8060    ♯101＝♯30＋♯18＊COS［♯33］         //计算第 i 孔的 X 坐标值
N8070    ♯102＝♯31＋♯18＊SIN［♯33］         //计算第 i 孔的 Y 坐标值
N8080    G90 G81 G98 X♯101Y♯102Z
         ♯26R♯3 F♯9                       //钻削第 i 孔
N8090    332＝♯32＋1                       //计算对孔号序号 i 计数累加
N8100    ♯100＝♯100＋1                     //计算已加工孔数
N8110    END1                             //孔加工循环体结束
N8120    ♯101＝♯30                        //返回 X 坐标初值 X0
N8130    ♯102＝♯31                        //返回 Y 坐标初值 Y0
M 99                                      //宏程序结束
```

在主程序中调用上述宏程序的调用格式为：

G65　P8000 AS＿ C＿ F＿ H＿ R＿ Z＿

上述程序段中各文字变量后的值均应按零件图样中给定值来赋值。

思 考 题 与 习 题

5-1　数控铣床的坐标系与数控车床的坐标系有何不同？

5-2　数控铣床的加工编程中为何要用平面选择？

5-3　如何利用零点偏置和坐标轴旋转编程？

5-4　常用的位移指令有哪些，如何编程？

5-5　刀具补偿有何作用？

5-6　常用的标准循环指令有哪些，如何编程？

5-7　加工如图 5.27 所示零件的 4 个型腔，设槽宽 5mm，槽深 2mm。

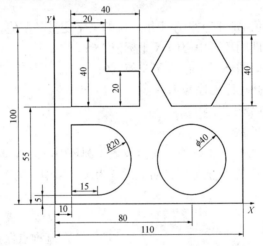

图 5.27　题 5-7 图

5-8　如图 5.28 所示，精加工五边形外轮廓和圆柱形内轮廓，每次切深 $a_p \leqslant 3$mm，刀具直径为 8mm，用刀具半补偿和循环指令编程。

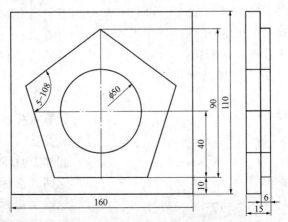

图 5.28　题 5-8 图

第6章　加工中心编程

本章要点

➢ 加工中心加工的基础知识

➢ 加工中心编程的基础知识

➢ 加工中心编程的基本方法

➢ 加工中心加工实例

6.1　加 工 中 心 概 述

加工中心（Machining Center，MC）是从数控铣床发展而来的。与数控铣床相同的是，加工中心同样是由计算机数控系统、伺服系统、机械本体、液压系统等各部分组成。但加工中心又不等同于数控铣床，加工中心与数控铣床的最大区别在于加工中心具有自动交换加工刀具的能力，通过在刀库上安装不同用途的刀具，可在一次装夹中通过自动换刀装置改变主轴上的加工刀具，实现钻、铣、镗、扩、铰、攻螺纹、切槽等多种加工功能。故适合于小型板类、盘类、壳体类、模具等零件的多品种小批量加工。

加工中心适宜于加工复杂，工序多，要求精度高，需用多种类型的普通机床和众多刀具、夹具，且经多次装夹和调整才能完成加工的零件。其加工的主要对象有箱体类零件、复杂曲面、异形件、盘套板类零件和特殊加工等五类。

1. 箱体类零件

箱体类零件一般是指具有一个以上孔系，内部有型腔，在长、宽、高方向有一定比例的零件。这类零件在机床、汽车、飞机制造等行业用的较多。箱体类零件一般都需要进行多工位孔系及平面加工，公差要求较高，特别是形位公差要求较为严格，通常要经过铣、钻、扩、镗、铰、锪、攻丝等工序，需要刀具较多，在普通机床上加工难度大，工装套数多，费用高，加工周期长，需多次装夹、找正，手工测量次数多，加工时必须频繁地更换刀具，工艺难以制定，更重要的是精度难以保证。

加工箱体类零件的加工中心，当加工工位较多，需工作台多次旋转角度才能完成的零件，一般选卧式镗铣类加工中心。当加工的工位较少，且跨距不大时，可选立式加工中心，从一端进行加工。

2. 复杂曲面

复杂曲面在机械制造业，特别是航天航空工业中占有特殊重要的地位。复杂曲面采用普通机床的加工方法是难以甚至无法完成的。在我国，传统的方法是采用精密铸造，可想而知其精度较低。复杂曲面类零件如：各种叶轮、导风轮、球面、各种曲面形成模具、螺旋桨以及水下航行器的推进器，以及一些其他形状的自由曲面。这类零件均可用加工中心进行加工。比较典型的有以下几种。

（1）凸轮、凸轮机构：作为机械式信息储存与传递的基本元件，被广泛地应用于各种自动机械中，这类零件有各种曲线的盘形凸轮、圆柱凸轮、圆锥凸轮、桶形凸轮、端面凸轮等。加工这类零件可根据凸轮的复杂程度选用三轴、四轴联动或选用五轴联动的加工中心。

（2）整体叶轮类：这类零件常见于航空发动机的压气机，制氧设备的膨胀机，单螺杆空气压缩机等，对于这样的型面，可采用四轴以上联动的加工心才能完成。

（3）模具类：如注塑模具、橡胶模具、真空成型吹塑模具、电冰箱发泡模具、压力铸造模具、精密铸造模具等。采用加工中心加工模具，由于工序高度集中，动模、静模等关键件的精加工基本上是在一次安装中完成全部机加工内容，可减少尺寸累计误差，减少修配工作量。同时，模具的可复制性强，互换性好。机械加工残留给钳工的工作量少，凡刀具可及之处，尽可能由机械加工完成，这样使模具钳工的工作量主要在于抛光。

（4）球面：可采用加工中心铣削。三轴铣削只能用球头铣刀作逼近加工，效率较低，五轴铣削可采用端铣刀作包络面来逼近球面。复杂曲面用加工中心加工时，编程工作量大，大多数要有自动编程技术。

3. 异形件

异形件是外形不规则的零件，大都需要点、线、面多工位混合加工。异形件的刚性一般较差，夹压变形难以控制，加工精度也难以保证，甚至某些零件的有些加工部位用普通机床难以完成。用加工中心加工时应采用合理的工艺措施，一次或二次装夹，利用加工中心多工位点、线、面混合加工的特点，完成多道工序或全部的工序内容。

4. 盘、套、板类零件

带有键槽，或径向孔，或端面有分布的孔系，曲面的盘套或轴类零件，如带法兰的轴套，带键槽或方头的轴类零件等，还有具有较多孔加工的板类零件，如各种电机盖等。端面有分布孔系、曲面的盘类零件宜选择立式加工中心，有径向孔的可选择卧式加工中心。

5. 特殊加工

在熟练掌握了加工中心的功能之后，配合一定的工装和专用工具，利用加工中心可完成一些特殊的工艺制作，如在金属表面上刻字、刻线、刻图案；在加工中心的主轴上装上高频电火花电源，可对金属表面进行线扫描表面淬火；用加工中心装上高速磨头，可实现小模数渐开线圆锥齿轮磨削及各种曲线、曲面的磨削等。

总之，加工中心的工艺特点概括为：

1）加工精度高；

2）表面质量好；

3）加工生产率高；

4）工艺适应性强；

5）劳动强度低、劳动条件好；

6）良好的经济效益；

7）有利于生产管理的现代化。

利用加工中心进行生产，能准确地计算出零件的加工工时，并有效地简化检验、工夹具和半成品的管理工作。当前较为流行的 FMS、CIMS、MRP II、ERP II 等，都离不开加工中心的应用。

6.2 加工中心的分类

加工中心的种类很多，一般按照机床形态及主轴布局形式分类，或按照其换刀形式进行分类。

1. 按照机床形态及主轴布局形式分类

（1）立式加工中心。是指主轴轴线呈铅垂状态布置的加工中心，不设分度回转功能，适合于盘类零件的加上。

（2）卧式加工中心。是指主轴轴线呈水平状态布置的加工中心。卧式加厂中心通常都带有可进行分度的正方形分度工作台，适合于箱体类零件的加工。

（3）龙门式加工中心。龙门式加工中心形状与龙门铣床类似，主轴多为铅垂布置，带有自动换刀装置，更有可更换的主轴头附件。数控装置的软件功能也较齐全，能够一机多用，尤其适用于大型或形状复杂的工件，如航天工业及大型水轮机、大型建工机械上的某些零件的加工。

（4）复合加工中心。复合加工中心又称万能加上中心，是指兼具立式和卧式加工中心功能的一种加工中心。工件安装后能完成除安装面外的所有侧面及顶面等 5 个表面的加工，因此也有称之为五面加工中心的。常见复合加工中心有两种形式，一种是主轴可以旋转 90°，既可以像立式加工中心一样工作，也可以像卧式加工中心那样工作；另一种是主轴不改变方向，而工作台可以带着工件旋转 90°完成对工件 5 个表面的加工。

2. 按加工中心的换刀形式分类

（1）带刀库、机械手的加工中心。加工中心的自动换刀装置（Automatic Tool Changer，ATC）由刀库和机械手组成，换刀机械手完成换刀工作。这是加工中心采用最普遍的形式。

（2）无机械手的加工中心。这种加工中心的换刀是通过刀库和主轴箱的配合动作来完成的。一般是把刀库放在主轴箱可以运动到的位置，或整个刀库或某一刀位能移动到主轴箱可以达到的位置。刀库中刀具的存放位置与主轴装刀方向一致。换刀时，主轴运动到刀位上的换刀位胃，由主轴直接取走或放回刀库。

6.3 加工中心编程基础

1. 自动返回参考点指令 G28

执行 G28 指令，使各轴快速移动，分别经过指令的点返回到参考点定位。在使用 G28 指令时，必须先取消刀具半径补偿，而不必先取消刀具长度补偿，因为 G28 指令包含刀具长度补偿取消、主轴停止、切削液关闭等功能。故 G28 指令一般用于自动换刀。

程序格式：

G28 X＿Y＿Z＿；

X＿Y＿Z＿是被指令的返回参考点的轴的中间点的坐标，由 X，Y 和 Z 设定的位置叫做中间点。机床先移动到这个点，而后回归原点。省略了中间点的轴不移动，只有在命令里指派了中间点的轴执行其原点返回命令。在执行原点返回命令时，每一个轴是独立执行的，这就像快速移动命令（G00）一样，通常刀具路径不是直线。因此，要求对每一个轴设置中间点，以免机床在原点返回时出现与工件碰撞等意外。

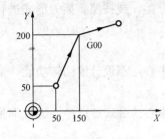

图 6.1　自动返回参考点

如图 6.1 所示，其编程语句如下：

G28 G90 X150. Y200. ;

M06 T11;

如果中间点与当前的刀具位置一致（例如，发出的命令是：G28 G91 X0 Y0 Z0;），机床就从其当前位置返回原点。如果是在单程序块方式下运行，机床就会停在中间点；当中间点与当前位置一致，它也会暂时停在中间点（即当前位置）。

2. 从参考点返回指令 G29

执行 G29 指令时，首先使被指令的各轴快速移动到前面 G28 所指令的中间点，然后再移到被指令的位置上定位。

程序格式：

G29 X＿ Y＿ Z＿；

X＿ Y＿ Z＿是被指令的返回目标点的坐标。

如果 G29 指令的前面未指令中间点，则执行 G29 指令时，被指令的各轴经过程序零点，再移到 G29 指令的返回点上定位。

如：

G28　G90 X150. Y200. ；

M06　T11；

G29 X50. Y40. ；

通常 G28 和 G29 指令应配合使用，使机床换刀后直接返回加工点。

3. 换刀指令

程序格式：

M06　TXX

6.4　孔加工固定循环指令

6.4.1　固定循环代码的组成

1. 孔加工固定循环的一般格式如下：

$$\begin{Bmatrix} G17 \\ G18 \\ G19 \end{Bmatrix} \begin{Bmatrix} G73 \\ \vdots \\ G89 \end{Bmatrix} \begin{Bmatrix} G90 \\ G91 \end{Bmatrix} \begin{Bmatrix} G98 \\ G99 \end{Bmatrix} \begin{Bmatrix} X\_\ Y\_ \\ X\_\ Z\_ \\ Y\_\ Z\_ \end{Bmatrix} \begin{Bmatrix} Z\_ \\ Y\_ \\ X\_ \end{Bmatrix}$$

R＿ [Q＿ P＿] F＿ [K＿];

2. 指令格式为：

G17 G90（G91）　G99（G98）　G73（G89）X＿ Y＿ Z＿ R＿ Q＿ P＿ F＿ K＿；

式中：

（1）定位平面由 G17、G18 或 G19 决定，立式加工中心常用 G17，以下指令均用 G17 作为说明。

（2）返回点平面选择指令 G98 或 G99：由 G98 或 G99 决定刀具在返回时达到的平面，G98 指令返回到初始平面，G99 指令返回 R 点平面。

一般的，如果被加工的孔在一个平整的平面上，我们可以使用 G99 指令，因为 G99 模态下返回 R 点进行下一个孔的定位，而一般编程中 R 点非常靠近工件表面，这样可以缩短零件加工时间。但如果工件表面有高于被加工孔的凸台或筋时，使用 G99 时非常有可能使刀具和工件发生碰撞，这时，就应该使用 G98，使 Z 轴返回初始点后再进行下一个孔的定位，这样就比较安全。

（3）孔加工方式：主要指 G73、G74，G76、G81～G89 等。

（4）孔位数据：X、Y 为孔位置坐标（G17 定位平面）。

（5）孔加工数据（模态变量）。

Z：在 G90 时，Z 值为孔底的绝对坐标值，在 G91 时，Z 是 R 平面到孔底的增量距离。从 R 平面到孔底是按 F 代码所指定的速度进给。

R：在 G91 时，R 值为从初始平面到 R 点的增量距离；在 G90 时，R 值为绝对坐标值，此段动作是快速进给的。

Q：在 G73 或 G83 方式中，规定每次加工的深度，以及在 G87 方式中规定移动值。Q 值一律是无符号增量值。

P：孔底暂停时间，用整数表示，以 ms 为单位。

F：进给速度，单位为 mm/min。攻螺纹时为 F＝S×T，S 为主轴转速，T 为螺距。

（6）重复次数（非模态变量）。

K：K 为 0 时，只存储数据，不加工孔。在 G91 方式下，可加工出等距孔。如果正在执行固定循环的过程中 NC 系统被复位，则孔加工模态、孔加工参数及重复次数 K 均被取消。

3. 孔定位平面和加工轴的指定

孔位平面由坐标平面选择指令 G17、G18、G19 指定，孔加工轴为选择平面的垂直轴，固定循环取消后才能更换坐标平面。

4. 孔加工循环方式

由 G73、G74、G76、G81、…、G89 选择加工循环方式，取消固定循环用 G80 或 01 组 G 代码。

6.4.2　固定循环的动作

加工中心机床配备的固定循环功能，主要用于孔加工，包括钻孔、镗孔、攻螺纹等。使用一个程序段就可以完成一个孔加工的全部动作（见图 6.2）。继续加工孔时，如果孔加工的动作无需变更，则程序中所有模态的数据可以不写，因此可以大大简化程序。固定循环功能指令如表 6.1 所示。

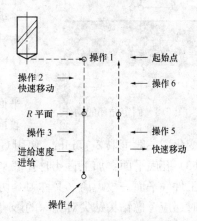

注：图中实线表示切削进给，虚线表示快速运动。

图 6.2　完成孔加工的全部动作

表 6.1   **固 定 循 环 功 能 指 令**

G 代码	孔加工动作 （−Z方向）	在孔底的动作	刀具返回方式 （+Z方向）	用　　　途
G73	间歇进给	—	快速	高速深孔往复排屑钻
G74	切削进给	暂停—主轴正转	切削进给	攻左旋螺纹
G76	切削进给	主轴定向停止-刀具移位	快速	精镗孔
G80	—	—	—	取消固定循环
G81	切削进给	—	快速	钻孔
G82	切削进给	暂停	快速	锪孔、镗阶梯孔
G83	间歇进给	—	快速	深孔往复排屑钻
G84	切削进给	暂停—主轴反转	切削进给	攻右旋螺纹
G85	切削进给	—	切削进给	精镗孔
G86	切削进给	主轴停止	快速	镗孔
G87	切削进给	主轴停止	快速返回	反镗孔
G88	切削进给	暂停—主轴停止	手动操作	镗孔
G89	切削进给	暂停	切削进给	精镗阶梯孔

固定循环功能指令的动作

孔加工固定循环通常由以下 6 个动作组成：

动作 1——X 轴和 Y 轴定位。使刀具快速定位到孔加工的位置。

动作 2——快进到 R 点。刀具自起始点快速进给到 R 点。

动作 3——孔加工。以切削进给的方式执行孔加工的动作。

动作 4——在孔底的动作。包括暂停、主轴准停、刀具移位等的动作。

动作 5——返回到 R 点。继续孔的加工而又可以安全移动刀具时选择 R 点。

动作 6——快速返回到起始点。孔加工完后一般应选择起始点。

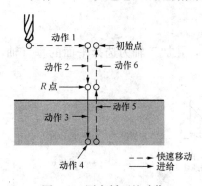

图 6.3　固定循环的动作

图 6.3 表示出了固定循环功能指令的动作，图中用虚线表示的是快速进给，用实线表示的是切削进给。

（1）初始平面：初始平面是为安全下刀而规定的一个平面。初始平面到零件表面的距离可以任意设定在一个安全的高度上，当使用同一把刀具加工若干孔时，只有孔间存在障碍需要跳跃或全部孔加工完了时，才使用 G98 使刀具返回到初始平面上的起始点。

（2）R 点平面：R 点平面又叫做 R 参考平面，这个平面是刀具下刀时由快进转为工进的高度平面，距工件表面的距离（又称刀具切入距离）主要考虑工件表面尺寸的变化，一般可取 2～5mm。使用 G99 时，刀具将返回到该平面上的 R 点。

（3）孔底平面：加工盲孔时孔底平面就是孔底的 Z 轴高度，加工通孔时一般刀具还要伸出工件底平面一段距离（又称刀具切出距离），主要是保证全部孔深都加工到尺寸，钻削加工时还应考虑钻头钻尖对孔深的影响。

（4）定位平面：由平面选择代码 G17、G18 或 G19 决定，定位轴是除了钻孔轴以外的轴。

（5）数据形式：固定循环指令中 R 与 Z 的数据指定与 G90 或 G91 的方式选择有关，图 6.4 表示了 G90 或 G91 时的坐标计算方法。选择 G90 方式时 R 与 Z 一律取其终点坐标值，选择 G91 方式时则 R 是指自起始点到 R 点的距离，Z 是指自 R 点到孔底平面上 Z 点的距离。

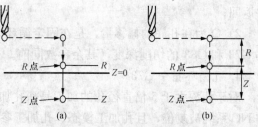

图 6.4　G90 和 G91 的坐标计算
(a) G90 方式；(b) G91 方式

（6）返回点平面指令 G98、G99：由 G98 或 G99 决定刀具在返回时到达的平面。如果指令了 G98 则自该程序段开始，刀具返回时是返回到初始平面，如果指令了 G99 则返回到 R 点平面。

6.4.3　固定循环代码介绍

1. 高速深孔钻循环 G73

格式：G73　X＿　Y＿　Z＿　R＿　Q＿　F＿　K＿；

说明：

1）该循环执行高速深孔钻，它执行间歇切削进给到孔的底部，同时从孔中排除切屑；

2）X、Y 为孔的位置，Z 为孔的深度，F 为进给速度（mm/min），R 为参考平面的高度，Q 为每次切削进给的切削深度，K 为重复次数。G 可以是 G98 和 G99，G98 和 G99 两个模态指令控制孔加工循环结束后刀具是返回初始平面还是参考平面，G98 返回初始平面，为缺省方式；G99 返回参考平面。

例如：

N10　M3 S2000 ；	//主轴开始旋转
N20　G90 G99 G73 X300. Y-250. Z-150. R-100. Q15. F120. ；	//定位，钻 1 孔，然后返回到 R 点
N30　Y-550. ；	//定位，钻 2 孔，然后返回到 R 点
N40　Y-750. ；	//定位，钻 3 孔，然后返回到 R 点
N50　X1000. ；	//定位，钻 4 孔，然后返回到 R 点
N60　Y-550. ；	//定位，钻 5 孔，然后返回到 R 点
N70　G98 Y-750. ；	//定位，钻 6 孔，然后返回初始位置平面
N80　G80 G28 G91 X0 Y0 Z0 ；	//返回到参考点
N90　M5 ；	//主轴停止旋转

2. 左旋攻丝循环 G74

格式：G74　X＿　Y＿　Z＿　R＿　P＿　F＿　K＿；

说明：

1）该循环执行左旋攻丝，当到达孔底时主轴顺时针旋转；

2）P 为暂停时间。其余参数同前。

3. 精镗循环 G76

格式：G76　X＿　Y＿　Z＿　R＿　Q＿　P＿　F＿　K＿；

说明：

1）精镗循环镗削精密孔，当到达孔底时主轴停止切削，刀具离开工件的被加工表面，并返回；

2）Q 为在孔底的偏移量，是在固定循环内保存的模态值，必须小心指定。因为它也用作 G73 和 G83 的切削深度，其余参数同前。

4. 孔循环指令 G73

对于孔深大于 5 倍直径孔的加工是深孔加工，不利于排屑，故正在执行固定循环的过程中 NC 系统被复位，且孔加工模态、孔加工参数及重复次数 K 均被取消。

程序格式：

G73 X＿Y＿Z＿R＿Q＿F＿K；

式中 X、Y 为孔的位置；Z 为孔底位置；R 为参考平面位置；Q 为每次加工的深度；d 为排屑退刀量，由系统参数设定。

其动作过程，如图 6.5 所示。

例 6 - 1　如图 6.6 所示，钻 ϕ 20 孔，程序段如下：

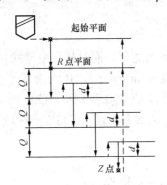

图 6.5　G73 动作过程

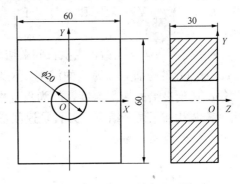

图 6.6　例 6 - 1 图

N10　　G54 G80 G90 G0 X0 Y0；

N20　　M06 T1；　　　　　　　　//换 ϕ 20 钻头

N30　　M03 S1000；

N40　　G43 Z50 H1；

N50　　G98 G73 Z-38 R1 Q2 F200；

N60　　G80 G0 Z50；

N70　　M05；

N80　　M30；

5. 深孔往复排屑钻孔循环指令 G83

程序格式：

G83 X＿Y＿Z＿R＿Q＿F＿K＿；

该循环用于深孔加工，孔加工动作如图 6.5 所示，Q 和 d 与 G73 循环中的含义相同，与 G73 略有不同的是每次刀具间歇进给后，快速退回到 R 点。

6. 钻孔循环指令 G81

G81 用于一般的钻孔。

程序格式：

G81 X＿Y＿Z＿R＿F＿K＿；

其动作过程，如图 6.7 所示：

例 6-2 图 6.6 所示，钻 ϕ20 孔，程序段如下：

N10　G54 G80 G90 G0 X0 Y0 ；

N20　M06 T1；　　　　　//换 ϕ20 钻头

N30　M03 S1000；

N40　G43 Z50 H1；

N50　G98 G81 Z-38 R1 F200；

N60　G80 G0 Z50；

N70　M05；

N80　M30；

7. 精镗孔循环指令 G76

该循环指令用于镗削精密孔。

程序格式：

G76 X＿Y＿Z＿R＿Q＿P＿F＿K＿；

孔加工动作如图 6.8 所示，Q 表示刀具的移动量，移动方向由参数设定。在孔底，主轴在定向位置停止，切削刀具离开工件的被加工表面并返回，这样可以高精度、高效率地完成孔加工而不损伤工件表面。

其动作过程如图 6.8 所示。

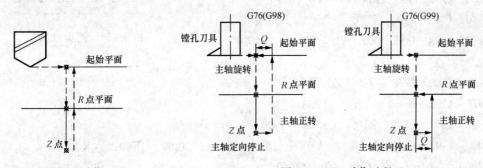

图 6.7　G81 动作过程　　　　　　图 6.8　G76 动作过程

例 6-3 如图 6.6 所示，镗 ϕ20 孔，程序段如下：

N10　G54 G80 G90 G0 X0 Y0 ；

N20　M06 T1；　　　　　　　　//换镗刀

N30　M03 S1000；

N40　G43 Z50 H1；

N50　G98 G76 Z-34 R1 Q2 F200；

N60　G80 G0 Z50；

N70　M05；

N80　M30；

8. 攻左螺纹循环 G74 与攻右螺纹循环 G84

程序格式：

G74（G84）X＿Y＿Z＿R＿P＿F＿K＿；

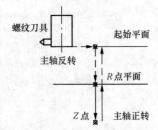

图 6-9　G74 动作过程

其动作过程，如图 6.9 所示。

9. 取消固定循环 G80

G80 指令被执行以后，固定循环（G73、G74、G76、G81~G89）被该指令取消，R 点和 Z 点的参数以及除 F 外的所有孔加工参数均被取消。另外 01 组的 G 代码也会起到同样的作用。

10. 编程举例

例 6-4　试采用固定循环方式加工图 6.10 所示各孔。工件材料为 HT300，使用刀具 T01 为镗孔刀，长度补偿为 H01，T02 为 $\phi13mm$ 钻头，长度补偿号为 H02，T03 为锪钻，长度补偿号为 H03，工具坐标系用 G54，工件坐标系原点选在工件顶平面对称中心处。

程序如下：

N10　T01；

N20　M06；

N30　G90　G00　G54　X0　Y0　T02；

N40　G43　H01　Z20.　M03　S500；

N50　G98　G85　X0　Y0　R3.　Z-45.　F40；

N60　G80　G28　G49　Z0　M06；

N70　G00　X-60.　Y0　T03；

N80　G43　H02　Z10.　M03　S600；

N90　G98　G83　X-60.　Y0　R-15.　Z-48.　Q6；　F40；　X60.；

N100　G80　G28　G49　Z0　M06；

N110　G00　X-60.　Y0；

N120　G43　H03　Z10.　M03　S350；

N130　G98　G82　X-60.　Y0　R-15.　Z-30.　P50　X60.；

N140　G80　G28　G49　Z0　M05；

N150　G91　G28　X0　Y0　M30；

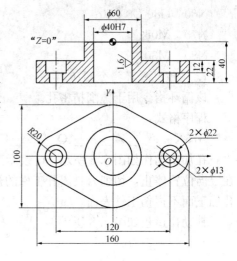

图 6.10　例 6-4 图

例 6-5　试采用重复固定循环方式加工图 6.11 所示各孔，工件条件为 45 钢，工件坐标系选在工件顶面中心。

程序如下：

N01　G90　G80　X0　Y0　Z100.；

N02　G00　X-50.　Y51.963　M03　S800；

N03　Z20.　M08；

N04　G91　G73　G99　X20.　Z-18.　R-17.　Q4.　F40；

N05　X10.　Y-17.321；

N06　X-20.　K4;
N07　X-10.　Y-17.321;
N08　X20.　K5;
N09　X10.　Y17.321;
N10　X-20.　K6;
N11　X10.　Y-17.321;
N12　X20.　K5;
N13　X-10.　Y-17.321;
N14　X-20.　K4;
N15　X10.　Y-17.321;
N16　X20.　K3;
N17　G80　M09;
N18　X0　Y0　M05;
N20　M30;

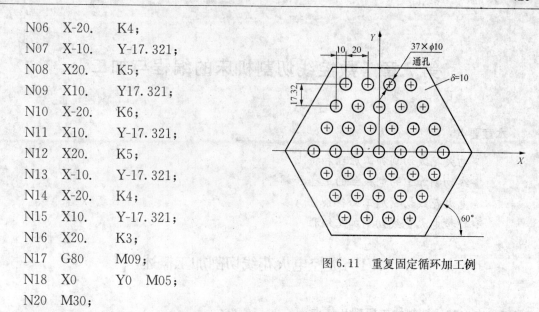

图 6.11　重复固定循环加工例

当要加工很多相同的孔时，应认真研究孔分布的规律，尽量简化程序。本例中各孔按等间距线性分析，可以使用重复固定循环加工，即用地址 K 指定重复次数。采用这种方式编程在进入固定循环之前，刀具不能定位在第一孔的位置，而要向前移动一个孔位。因为在执行固定循环时，刀具要先定位然后才执行钻孔的动作。

思 考 题 与 习 题

6-1　加工中心的用途是什么?
6-2　加工中心是如何分类的?
6-3　对图 6.12 所示零件用加工中心编程，铣内外圆并钻孔。

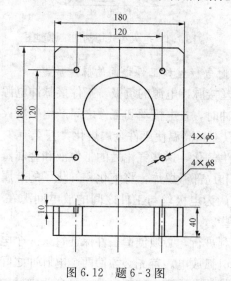

图 6.12　题 6-3 图

第7章 数控线切割机床的编程与加工

本章要点

➤电火花线切割加工原理和特点
➤线切割加工的电极丝的选择和调整
➤电火花线切割加工必备条件
➤数控电火花线切割加工编程

7.1 数控电火花线切割加工概述

7.1.1 电火花线切割加工原理和特点

电火花数控线切割加工的过程中主要包含下列三部分内容：

1）电极丝与工件之间的脉冲放电；

2）电极丝沿其轴向（垂直或 Z 方向）作走丝运动；

3）工件相对于电极丝在 X、Y 平面内作数控运动。如图 7.1 所示。

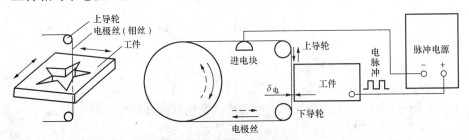

图 7.1　电火花线切割加工原理图

1. 电火花线切割加工时电极丝和工件之间的脉冲放电

电火花线切割时电极丝接脉冲电源的负极，工件接脉冲电源的正极。在正负极之间加上脉冲电源，当来一个电脉冲时，在电极丝和工件之间产生一次火花放电，在放电通道的中心温度瞬时可高达10 000℃以上，高温使工件金属熔化，甚至有少量气化。高温也使电极丝和工件之间的工作液部分产生气化，这些气化后的工作液和金属蒸气瞬间迅速热膨胀，并具有爆炸的特性。这种热膨胀和局部微爆炸，将熔化和气化了的金属材料抛出而实现对工件材料进行电蚀切割加工。通常认为电极丝与工件之间的放电间隙在 0.01mm 左右，若电脉冲的电压高，放电间隙会大一些。

为了电火花加工的顺利进行，必须创造条件保证每来一个电脉冲时在电极丝和工件之间产生的是火花放电而不是电弧放电。首先必须使两个电脉冲之间有足够的间隔时间，使放电间隙中的介质消电离，即使放电通道中的带电粒子复合为中性粒子，恢复本次放电通道处间隙中介质的绝缘强度，以免总在同一处发生放电而导致电弧放电。一般脉冲间隔应为脉冲宽度的 4 倍以上。

为了保证火花放电时电极丝不被烧断，必须向放电间隙注入大量工作液，以便电极丝得到充分冷却。同时电极丝必须作高速轴向运动，以避免火花放电总在电极丝的局部位置而被烧断，电极丝速度为 7～10m/s。高速运动的电极丝，还有利于不断往放电间隙中带入新的工作液，同时也有利于把电蚀产物从间隙中带出去。

电火花线切割加工时，为了获得比较好的表面粗糙度和高的尺寸精度，并保证电极丝不被烧断，应选择好相应的脉冲参数，并使工件和钼丝之间的放电必须是火花放电，而不是电弧放电。

2. 电火花线切割加工的走丝运动

为了避免火花放电总在电极丝的局部位置而被烧断，影响加工质量和生产效率，在加工过程中电极丝沿轴向作走丝运动。走丝原理如图 7.2 所示。钼丝整齐地缠绕在储丝筒上，并形成一个闭合状态，走丝电机带动储丝筒转动时，通过导丝轮使钼丝作轴线运动。

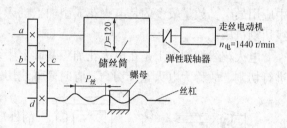

图 7.2　走丝机构原理图

3. X、Y 坐标工作台运动

工件安装在上下两层的 X、Y 坐标工作台上，如图 7.3 所示。分别由步进电动机驱动作数控运动。工件相对于电极丝的运动轨迹，是由线切割编程所决定的。

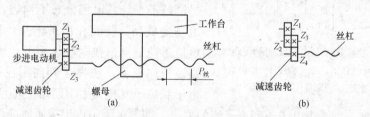

图 7.3　上层工作台的传动示意图

与电火花成形加工相比较，电火花线切割加工具有如下的特点：

(1) 省去了成形工具电极，大大降低了成形工具电极的设计与制造费用，缩短了生产准备时间及加工周期；

(2) 能用很细的线材作为电极丝（直径可在 0.04～0.20mm）加工微细异形孔、窄缝和复杂形状的工件；

(3) 采用移动的长金属丝进行加工，单位长度上的金属损耗少，对加工精度的影响可忽略不计，加工精度高，当重复使用的电极丝有显著损耗时，可随时更换；

(4) 材料的蚀除量少，生产效率高，材料利用率也高；

(5) 可直接采用精加工或半精加工规准一次成形，一般不需要加工途中变换电规准；

(6) 自动化程度高，操作使用方便，易于实现计算机控制；

(7) 电火花线切割加工的缺点是不能加工盲孔及阶梯表面。

7.1.2 数控电火花线切割机床及编程简介

1. 数控电火花线切割机床

数控电火花线切割机床既是数控机床，又是特种加工机床，它区别于传统机床部分是：

(1) 数控装置和伺服系统；

(2) 不是依靠机械能通过刀具切削工件，而是以电、热能量形式来加工。

电火花加工在特种加工中是比较成熟的工艺。

在民用、国防生产部门和科学研究中已经获得了广泛应用，其机床设备比较定型，且类型较多。按工艺过程中工具与工件相对运动的特点和用途等来分，大致可以分为六大类，其中应用最广、数量较多的是电火花成型加工机床和电火花线切割机床。我们这里介绍电火花线切割机床。

电火花线切割加工是在电火花加工基础上用线状电极（钼丝或铜丝）靠火花放电对工件进行切割，故称为电火花线切割，有时简称线切割。

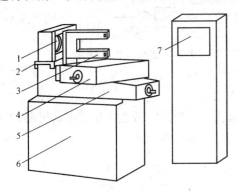

图 7.4　快走丝数控电火花线切割设备

1—储丝筒；2—走丝溜板；3—丝架；4—纵向滑板；
5—横向滑板；6—床身；7—控制箱

图 7.4 所示为快走丝数控电火花线切割设备的外形结构图。

2. 电火花线切割加工原理和必备条件

电火花线切割加工是利用工具电极（钼丝）和工件两极之间脉冲放电时产生的电腐蚀现象对工件进行尺寸加工。电火花腐蚀主要原因：两电极在绝缘液体中靠近时，由于两电极的微观表面是凹凸不平，其电场分布不均匀，最近凸点处的电场度最高，极间介质被击穿，形成放电通道，电流迅速上升。在电场作用下，通道内的负电子高速奔向阳极，正离子奔向阴极形成火花放电，电子和离子在电场作用下高速运动时相互碰撞，阳极和阴极表面分别受到电子流和离子流的轰击，使电极间隙内形成瞬时高温热源，通道中心温度达到 10 000℃以上，以致局部金属材料熔化和气化。

电火花线切割加工能正常运行，必须具备下列条件：

(1) 钼丝与工件的被加工表面之间必须保持一定间隙，间隙的宽度由工作电压、加工余量等加工条件而定。

(2) 电火花线切割机床加工时，必须在有一定绝缘性能的液体介质中进行，如煤油、皂化油、去离子水等。要求较高绝缘性是为了利于产生脉冲性的火花放电，液体介质还有排除间隙内电蚀产物和冷却电极作用。钼丝和工件被加工表面之间保持一定间隙，如果间隙过大，极间电压不能击穿极间介质，则不能产生电火花放电；如果间隙过小，则容易形成短路连接，也不能产生电火花放电。

(3) 必须采用脉冲电源，即火花放电必须是脉冲性、间歇性。图 7.5 中 t_i 为脉冲宽度、t_o 为脉冲间隔、t_p 为脉冲周期。在脉冲间隔内，使间隙介质消除电离，使下一个脉冲能在两极间击穿放电。

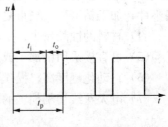

图 7.5　脉冲波形

3. 电火花线切割和成型机区别

(1) 电火花线切割的工具电极是沿着电极丝轴线移动着的线电极，成型机工具电极是成型电极，与要求加工出的零件有相适应的截面或形状。

(2) 线切割加工时工具和工件在水平两个方向同时有相对伺服进给运动，成型机工件和工具只有一个相对的伺服进给运动。

4. 电火花线切割机床组成

数控线切割机床由工作台、走丝机构、供液系统、脉冲电源和控制系统等组成。

(1) 工作台。工作台又称切割台，由工作台面、中拖板和下拖板组成，工作台面用以安装夹具和被切割工件，中拖板和下拖板分别由步进电动机拖动，通过齿轮变速及滚珠丝杠传动，完成工作台面的纵向和横向运动。工作台面的纵、横向运动既可以手动完成，又可以自动完成。

(2) 走丝机构。走丝机构主要由储丝筒、走丝电动机和导轮等部件组成。储丝筒安装在储丝筒拖板上，由走丝电动机通过联轴器带动，正反旋转。储丝筒的正反旋转运动通过齿轮同时传给储丝筒拖板的丝杠，使拖板作往复运动。电极丝安装在导轮和储丝筒上，开动走丝电动机，电极丝以一定的速度作往复运动，即走丝运动。

(3) 供液系统。供液系统由工作液箱、液压泵和喷嘴组成，为机床的切割加工提供足够、合适的工作液。工作液主要有矿物油、乳化液和去离子水等。其主要作用有：对电极、工件和加工屑进行冷却，产生放电的爆炸压力，对放电区消电离及对放电产物除垢。

(4) 脉冲电源。脉冲电源是产生脉冲电流的能源装置。线切割脉冲电源是影响线切割加工工艺指标最关键的设备之一。为了满足切割加工条件和工艺指标，对脉冲电源的要求为：较大的峰值电流，脉冲宽度要窄，要有较高的脉冲频率，线电极的损耗要小，参数设定方便。

(5) 控制系统。对整个切割加工过程和钼丝轨迹做数字程序控制，可以根据 ISO 格式和3B、4B 格式的加工指令控制切割。机床的功能主要是由控制系统的功能决定的。

5. 线切割加工的应用

(1) 广泛应用于加工各种冲模；

(2) 可以加工微细异形孔、窄缝和复杂形状的工件；

(3) 加工样板和成型刀具；

(4) 加工粉末冶金模、镶拼型腔模、拉丝模、波纹板成型模；

(5) 加工硬质材料、切割薄片，切割贵重金属材料；

(6) 加工凸轮，特殊的齿轮；

(7) 适合于小批量、多品种零件的加工，减少模具制作费用，缩短生产周期。

7.2　数控电火花线切割的加工工艺

数控线切割加工，一般是作为工件加工中的最后工序。要达到加工零件的精度及表面粗糙度要求，应合理控制线切割加工时的各种工艺参数（电参数、切割速度、工件装夹等），同时应安排好零件的工艺路线及线切割加工前的准备加工。

一般工作过程如下：

分析零件图—确定装夹位置及走刀路线—编制程序单、传输程序—检查机床、调试工作液、找正电极丝—装夹工件并找正—调节电参数、形参数—切割零件—检验。

（1）分析零件图纸。这是保证加工工件综合技术指标满足要求的关键。一般应着重考虑是否满足线切割的工艺条件（如工件材料性质、尺寸大小及厚度等），同时考虑所要求达到的加工精度。

（2）确定装夹位置及走刀路线。装夹位置要合理，防止工件翘起或低头；切割点应取在图形的拐角处，或在容易将突尖修去的部位；走刀路线要防止或减少零件的变形，一般选择靠近装夹位置的一边图形最后切削。

（3）编制程序单。生成代码程序后，一定要校核代码，仔细检查图形尺寸。

（4）调试机床。调整电极丝的垂直度及张力，调整电参数，必要时试切检验。

7.2.1　工件的装夹

装夹工件时，必须保证工件的切割部位位于机床工作台纵向、横向进给的允许范围之内，避免超出极限；同时应考虑切割时电极丝运动空间。夹具应尽可能地选择通用件，所选夹具应便于装夹，便于协调工件和机床的尺寸关系。在加工大型模具时，要特别注意工件的定位方式。尤其在加工快结束时，工件的变形、重力的作用，会使电极丝被夹紧，影响加工。

装夹工件后，还必须配合找正法进行调整，方能使工件的定位基准面分别于机床的工作台面和工作台的进给方向 X、Y 保持平行，以保证所切割的表面与基准面间的相对位置精度。下面介绍常用的找正方法：百分表找正和划分法找正。

1. 用百分表找正

用磁力表架将百分表固定在丝架或其他位置上。百分表的测量头与工件基面接触，往复移动工作台，按百分表指示值调整工件的位置，直至百分表达到所要求的数值。找正应在相互垂直的三个方向上进行。如图 7.6 所示。

2. 划线法找正

工件的切割图形与定位基准之间的相互位置精度要求不高时，可采用划线法找正。利用固定在丝架上的划针，对准工件上划出的基准线，往复移动工作台，目测划针、基准间的偏离情况，将工件调整到正确位置。如图 7.7 所示。

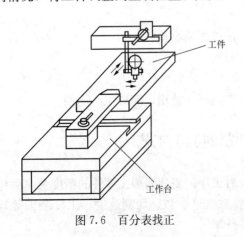

图 7.6　百分表找正

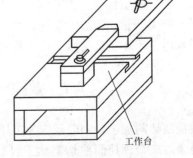

图 7.7　划线法找正

7.2.2　线切割加工路线的选择

在加工中，工件内部应力的释放要引起工件的变形，所以在选择加工路线时，尽量避免破坏工件或毛坯结构刚性。

因此要注意以下几点：

（1）避免从工件端面由外向里开始加工，破坏工件的强度，引起变形。应从穿丝孔开始加工。

（2）不能沿工件的端面加工，这样放电时，电极丝单向受到电火花冲击力，使电极丝运行不稳定，难以保证尺寸和表面精度。

（3）加工路线距端面距离应大于 5mm，以保证工件结构强度少受影响。

（4）加工路线应向远离工件夹具的方向进行加工，以避免加工中因应力释放引起工件的变形，待最后再转向工件夹具处进行加工。

（5）在一块毛坯上要切出两个以上的零件时，不应该连续一次切出来，而应从不同穿丝孔开始加工。

7.2.3　线切割加工的电极丝的选择和调整

1. 电极丝的选择

电极丝应具有良好的导电性和抗电蚀性，抗拉强度高、材质均匀。常用电极丝有钼丝、钨丝、黄铜丝和包芯丝等。钨丝抗拉强度高，直径在 0.03～0.1mm 范围内，一般用于各种窄缝的精加工，但价格昂贵。黄铜丝适合于慢速加工；加工表面粗糙度和平直度较好，蚀屑附着少，但抗拉强度差，损耗大，直径在 0.1～0.3mm 范围内，一般用于慢速单向走丝加工。钼丝抗拉强度高，适于快速走丝加工，所以我国快速走丝机床大都选用钼丝作电极丝，直径在 0.08～0.2mm 范围内。

电极丝直径的选择应根据切缝宽窄、工件厚度和拐角尺寸大小来选择。若加工带尖角、窄缝的小型模具宜选用较细的电极丝；若加工大厚度工件或大电流切割时应选较粗的电极丝。电极丝的主要类型、规格如下：

钼丝直径：0.08～0.2mm；

钨丝直径：0.03～0.1mm；

黄铜丝直径：0.1～0.3mm；

包芯丝直径：0.1～0.3mm。

2. 穿丝孔和电极丝切入位置的选择

穿丝孔是电极丝相对工件运动的起点，同时也是程序执行的起点，一般选在工件上的基准点处。为缩短开始切割时的切入长度，穿丝孔也可选在距离型孔边缘 2～5mm 处，如图 7.8（a）所示。加工凸模时，为减小变形，电极丝切割时的运动轨迹与边缘的距离应大于 5mm，如图 7.8（b）所示。

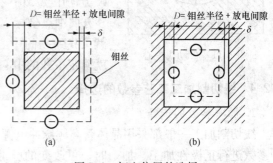

图 7.8　切入位置的选择

（a）凹模；（b）凸模

3. 电极丝位置的调整

线切割加工之前，应将电极丝调整到切割的起始坐标位置上，其调整方法有以下几种。

（1）目测法。对于加工要求较低的工件，在确定电极丝与工件基准间的相对位置时，可以直接利用目测或借助2~8倍的放大镜来进行观察。图7.9是利用穿丝处划出的十字基准线，分别沿划线方向观察电极丝与基准线的相对位置，根据两者的偏离情况移动工作台，当电极丝中心分别与纵横方向基准线重合时，工作台纵、横方向上的读数就确定了电极丝中心的位置。

（2）火花法。如图7.10所示，移动工作台使工件的基准面逐渐靠近电极丝，在出现火花的瞬时，记下工作台的相应坐标值，再根据放电间隙推算电极丝中心的坐标。此法简单易行，但往往因电极丝靠近基准面时产生的放电间隙，与正常切割条件下的放电间隙不完全相同而产生误差。

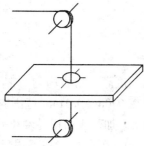

图 7.9　目测法调整电极丝位置　　　　图 7.10　火花法

（3）自动找中心。所谓自动找中心，就是让电极丝在工件孔的中心自动定位。此法是根据线电极与工件的短路信号，来确定电极丝的中心位置，数控功能较强的线切割机床常用这种方法。如图7.11所示，首先让线电极在 X 轴方向移动至与孔壁接触（使用半程移动指令G82），则此时当前点 X 坐标为X1，接着线电极往反方向移动与孔壁接触，此时当前点 X 坐标为X2，然后系统自动计算 X 方向中点坐标X0[X0 = (X1 + X2)/2]，并使线电极到达 X 方向中点X0；接着在 Y 轴方向进行上述过程，线电极到达 Y 方向中点坐标Y0[Y0 = (Y1 + Y2)/2]。这样经过几次重复就可找到孔的中心位置。当精度达到所要求的允许值之后，就确定了孔的中心。

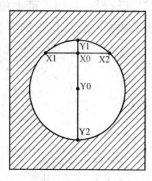

图 7.11　自动找中心

7.2.4　线切割加工工艺参数的选择

1. 脉冲参数的选择

线切割加工一般都采用晶体管高频脉冲电源，用单个脉冲能量小、脉宽窄、频率高的脉冲参数进行正极性加工。加工时，可改变的脉冲参数主要有电流峰值、脉冲宽度、脉冲间隔、空载电压、放电电流。要求获得较好的表面粗糙度时，所选用的电参数要小；若要求获得较高的切割速度，脉冲参数要选大一些，但加工电流的增大受排屑条件及电极丝截面积的限制，过大的电流易引起断丝，快速走丝线切割加工脉冲参数的选择见表 7.1。慢速走丝线切割加工脉冲参数的选择见表 7.2。

表 7.1　　　　　　　　　　　快速走丝线切割加工脉冲参数的选择

应　　　用	脉冲宽度 t_i（μs）	电流峰值 I_e（A）	脉冲间隔 t_0（μs）	空载电压（V）
快速切割或加工大厚度工件 $Ra>2.5\mu$m	20～40	大于 12	为实现稳定加工，一般选择 $t_0/t_i=3～4$ 之间	一般为 70～90
半精加工 $Ra=1.25～2.5\mu$m	6～20	6～12		
精加工 $Ra<2.5\mu$m	2～6	4.8 以下		

表 7.2　　　　　　　　　　　慢速走丝线切割加工脉冲参数的选择

工件厚度（mm）		加工条件编号	偏移量编号	电压（V）	电流（A）	速度（mm/min）
20	1st	C423	H175	32	7.0	2.0～2.6
	2rd	C722	H125	60	1.0	7.0～8.0
	3rd	C752	H115	65	0.5	9.0～10
	4th	C782	H110	60	0.3	9.0～10
30	1st	C433	H174	32	7.2	1.5～1.8
	2rd	C722	H124	60	1.0	6.0～7.0
	3rd	C752	H114	65	0.7	9.0～10
	4th	C782	H109	60	0.3	9.0～10
40	1st	C433	H178	34	7.5	12～15
	2rd	C723	H128	60	1.5	5.0～6.0
	3rd	C753	H113	65	1.1	9.0～10
	4th	C783	H108	30	0.7	9.0～10
50	1st	C453	H178	35	7.0	0.9～1.1
	2rd	C723	H128	58	1.5	4.0～5.0
	3rd	C753	H113	42	1.3	6.0～7.0
	4th	C783	H108	30	0.7	9.0～10
60	1st	C463	H179	35	7.0	0.8～0.9
	2rd	C724	H29	58	1.5	4.0～5.0
	3rd	C754	H114	42	1.3	6.0～7.0
	4th	C784	H109	30	0.7	9.0～10

续表

工件厚度 （mm）		加工条件编号	偏移量编号	电压（V）	电流（A）	速度 （mm/min）
70	1st	C473	H185	33	6.8	0.6～0.8
	2rd	C724	H135	55	1.5	3.5～4.5
	3rd	C754	H115	35	1.5	4.0～5.0
	4th	C784	H110	30	1.0	7.0～8.0
80	1st	C483	H185	33	6.5	0.5～0.6
	2rd	C725	H135	55	1.5	3.5～4.5
	3rd	C755	H115	35	1.5	4.0～5.0
	4th	C785	H110	30	1.0	7.0～8.0
90	1st	C493	H185	34	6.5	0.5～0.6
	2rd	C725	H135	52	1.5	3.0～4.0
	3rd	C755	H115	30	1.5	3.5～4.5
	4th	C785	H110	30	1.5	7.0～8.0
100	1st	C493	H185	34	6.3	0.4～0.5
	2rd	C725	H135	52	1.5	3.0～4.0
	3rd	C755	H115	30	1.5	3.0～4.0
	4th	C785	H110	30	1.0	7.0～8.0

2. 工艺尺寸的确定

丝切割加工时，为了获得所要求的加工尺寸，电极丝和加工图形之间必须保持一定的距离，如图 7.12 所示。图中双点划线表示电极丝中心的轨迹，实线表示型孔或凸模轮廓。编程时首先要求出电极丝中心轨迹与加工图形之间的垂直距离 ΔR（间隙补偿距离），并将电极丝中心轨迹分割成单一的直线或圆弧段，求出各线段的交点坐标后，逐步进行编程。具体步骤如下：

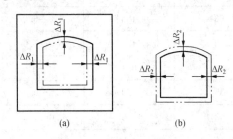

图 7.12　电极丝中心轨迹
(a) 凹模；(b) 凸模

（1）设置加工坐标系。根据工件的装夹情况和切割方向，确定加工坐标系。为简化计算，应尽量选取图形的对称轴线为坐标轴。

（2）补偿计算。按选定的电极丝半径 r，放电间隙 δ 和凸、凹模的单面配合间隙 $Z/2$，则加工凹模的补偿距离 $\Delta R_1 = r + \delta$，如图 7.12（a）所示。加工凸模的补偿距离 $\Delta R_2 = r + \delta - Z/2$，如图 7.12（b）所示。

（3）将电极丝中心轨迹分割成平滑的直线和单一的圆弧线，按型孔或凸模的平均尺寸计算出各线段交点的坐标值。

3. 工作液的选配

工作液对切割速度、表面粗糙度、加工精度等都有较大影响，加工时必须正确选配。常用的工作液主要有乳化液和去离子水。

(1) 慢速走丝线切割加工，目前普遍使用去离子水。为了提高切割速度，在加工时还要加进有利于提高切割速度的导电液，以增加工作液的电阻率。加工淬火钢，使电阻率在 $2\times 104\Omega/cm$ 左右；加工硬质合金电阻率在 $30\times 104\Omega/cm$ 左右。

(2) 对于快速走丝线切割加工，目前最常用的是乳化液。

乳化液是由乳化油和工作介质配制（浓度为 5%～10%）而成的。工作介质可用自来水，也可用蒸馏水、高纯水和磁化水。

7.3　数控电火花线切割机床编程

与数控车、铣加工控制原理相同，数控线切割时，也是通过数控装置不断对工件轮廓进行插补运算，并向机床驱动工作台的伺服驱动装置（如步进电动机）发出相互协调的进给脉冲，使工作台（工件）按指定的路线运动，自动完成切削加工。在加工之前，必须对被加工工件进行程序编制，即把被加工零件的切割顺序，切割方向及有关尺寸等几何和工艺信息，按一定格式记录在机床所需的输入介质（如穿孔纸带上），最后输入给机床的数控装置。

数控电火花线切割机床所用的程序格式有 3B、4B、ISO 等。近年来所生产的数控电火花线切割机床使用的是计算机数控系统，采用 ISO 格式，而早期的机床常采用 3B、4B 格式。

7.3.1　3B 格式程序编制（见表 7.3）

表 7.3　　　　　　　　　　　　　无间隙补偿的程序格式（3B 型）

B	X	B	Y	B	J	G	Z
分隔符号	X 坐标值	分隔符号	Y 坐标值	分隔符号	计数长度	计数方向	加工指令

1. 分隔符号 B

因为 X、Y、J 均为数字，用分隔符号（B）将其隔开，以免混淆。

2. 坐标值（X、Y）

一般规定只输入坐标的绝对值，其单位为 μm，μm 以下应四舍五入。

对于圆弧，坐标原点移至圆心，X、Y 为圆弧起点的坐标值。

对于直线（斜线），坐标原点移至直线起点，X、Y 为终点坐标值。允许将 X 和 Y 的值按相同的比例放大或缩小。

对于平行于 X 轴或 Y 轴的直线，即当 X 或 Y 为零时，X 或 Y 值均可不写，但分隔符号必须保留。

3. 计数方向 G

选取 X 方向进给总长度进行计数，称为计 X，用 Gx 表示；选取 Y 方向进给总长度进行计数，称为计 Y，用 Gy 表示。

(1) 加工直线，可按图 7.13 选取：

$|Ye| > |Xe|$ 时，取 Gy；

$|Xe|>|Ye|$ 时，取 Gx；

$|Xe|=|Ye|$ 时，取 Gx 或 Gy 均可。

（2）对于圆弧，当圆弧终点坐标在图 7.14 所示的各个区域时，若：

$|Xe|>|Ye|$ 时，取 Gy；

$|Ye|>|Xe|$ 时，取 Gx；

$|Xe|=|Ye|$ 时，取 Gx 或 Gy 均可。

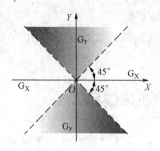 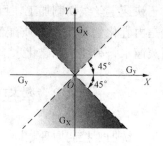

图 7.13　斜线的计数方向　　　　图 7.14　圆弧的计数方向

4. 计数长度 J

计数长度是指被加工图形在计数方向上的投影长度（即绝对值）的总和，以 μm 为单位。

例 7-1　加工图 7.15 所示斜线 OA，其终点为 $A(Xe,Ye)$，且 $Ye>Xe$，试确定 G 和 J。

因为 $|Ye|>|Xe|$，OA 斜线与 X 轴夹角大于 45°时，计数方向取 Gy，斜线 OA 在 Y 轴上的投影长度为 Ye，故 $J=Ye$。

例 7-2　加工图 7.16 所示圆弧，加工起点 A 在第四象限，终点 $B(Xe,Ye)$ 在第一象限，试确定 G 和 J。

因为加工终点靠近 Y 轴，$|Ye|>|Xe|$，计数方向取 Gx；计数长度为各象限中的圆弧段在 X 轴上投影长度的总和，即 $J=Jx1+Jx2$。

例 7-3　加工图 7.17 所示圆弧，加工终点 $B(Xe,Ye)$，试确定 G 和 J。

因加工终点 B 靠近 X 轴，$|Xe|>|Ye|$，故计数方向取 Gy，J 为各象限的圆弧段在 Y 轴上投影长度的总和，即 $J=Jy1+Jy2+Jy3$。

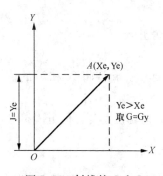 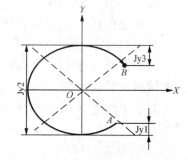

图 7.15　斜线的 G 和 J　　　图 7.16　圆弧的 G 和 J　　　图 7.17　圆弧的 G 和 J

5. 加工指令 Z

加工指令 Z 是用来表达被加工图形的形状、所在象限和加工方向等信息的。控制系统根据这些指令，正确选择偏差公式，进行偏差计算，控制工作台的进给方向，从而实现机床的自动化加工。加工指令共 12 种，如图 7.18 所示。

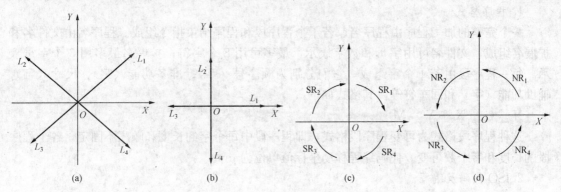

图 7.18　加工指令

(a) 直线加工指令；(b) 坐标轴上直线加工指令；

(c) 顺时针圆弧指令；(d) 逆时针圆弧指令

位于四个象限中的直线段称为斜线。加工斜线的加工指令分别用 L_1、L_2、L_3、L_4 表示，如图 7.18（a）所示。与坐标轴相重合的直线，根据进给方向，其加工指令可按图 7.18（b）选取。

加工圆弧时，若被加工圆弧的加工起点分别在坐标系的四个象限中，并按顺时针插补，如图 7.18（c）所示，加工指令分别用 SR_1、SR_2、SR_3、SR_4 表示；按逆时针方向插补时，分别用 NR_1、NR_2、NR_3、NR_4 表示，如图 7.18（d）所示。如加工起点刚好在坐标轴上，其指令可选相邻两象限中的任何一个。

7.3.2　4B 格式程序编制

4B 格式是在 3B 格式的基础上发展起来的，与 3B 格式数控系统相比，4B 格式数控系统带有间隙自动补偿功能，加工时直接按工件轮廓编程，数控系统使电极丝相对工件轮廓自动实现间隙补偿。其格式见表 7.4。

表 7.4　　　　　　　　　　　　　4B 程 序 格 式

B	X	B	Y	B	J	B	R	G	D 或 DD	Z
分隔符号	X 坐标值	分隔符号	Y 坐标值	分隔符号	记数长度	分隔符号	圆弧半径	记数方向	曲线形式	加工指令

与 3B 格式相比，4B 格式增加了 R 和 D 或 DD 两项功能。

（1）圆弧半径 R。R 通常为圆形尺寸已知的圆弧半径，因 4D 格式不能处理尖角的自动间隙补偿，若加工图形出现尖角时，取圆弧半径 R 大于间隙补偿量 ΔR 的圆弧过渡。

（2）曲线形式 D 或 DD。D 表示凸圆弧，DD 表示凹圆弧。加工外表面时，当调整补偿间隙后使圆弧半径增大的称为凸圆弧，用 D 表示；反之使圆弧半径减少的称为凹圆弧，用 DD 表示。加工内表面时，调整补偿间隙后使圆弧半径增大的称为凹圆弧，用 DD 表示；反之为凸圆弧，用 D 表示。

7.3.3　ISO 代码数控程序编制

ISO 代码为国际标准化机构制定的用于数控的一种标准代码，与数控车、数控铣 ISO 代码一致，采用 8 单位补编码。

1. 程序格式

一个完整的加工程序由程序名、若干个程序段和程序结束指令组成。程序名由文件名和扩展名组成，文件名可用字母和数字表示，最多可用 8 个字符；扩展名最多用 3 个字母表示。每一程序段由若干个字组成，它们分别为顺序号（字）、准备功能（字）、尺寸（字）、辅助功能（字）和回车符等，其格式如下：

N ＿ G ＿ X ＿ Y ＿ M

这种程序段格式为可变程序段格式，即程序段中每个字的长度和顺序不固定，各个程序段的长度和字个数可变。代码编程移动坐标值单位为 μm。

2. ISO 代码及编程

表 7.5 所示为我国快速走丝数控电火花切割机床常用的 ISO 代码，与国际上使用的标准代码基本一致，但也存在不同之处。因此，在使用中应仔细阅读数控系统的编程说明书。

表 7.5　　　　　　　　　　　数控线切割机床常用 ISO 指令代码

代码	功　能	代码	功　能
G05	X 轴镜像	G55	加工坐标系 2
G06	Y 轴镜像	G56	加工坐标系 3
G07	X、Y 轴交换	G57	加工坐标系 4
G08	X 轴镜像，Y 轴镜像	G58	加工坐标系 5
G09	X 轴镜像，X、Y 轴交换	G59	加工坐标系 6
G10	Y 轴镜像，X、Y 轴交换	G80	接触感知
G11	X 轴镜像，Y 轴镜像，X、Y 轴交换	G82	半程移动
G12	取消镜像	G84	微弱放电找正
G40	取消间隙补偿	M00	程序暂停
G41	左偏间隙补偿 D 偏移量	M05	接触感知解除
G42	右偏间隙补偿 D 偏移量	M96	主程序调用文件程序
G50	取消锥度	M97	主程序调用文件结束
G51	锥度左偏 A 角度值	W	下导轮到工作台面高度
G52	锥度右偏 A 角度值	H	工作厚度
G54	加工坐标系 1	S	工作台面到上导轮高度

下面讨论一些与数控车、铣编程指令有所不同的指令。

（1）G50、G51、G52 锥度加工指令目前一些数控电火花线切割机床上，锥度加工是通过装在上导轮部分的 U、V 附加轴工作台实现的。加工时，控制系统驱动 U、V 附加轴工作台，使上导轮相对于 X、Y 坐标轴工作台平移，以获得所需锥角。此方法可加工带锥度工件，例如模具中的凹模漏料孔加工，如图 7.19 所示。

G51 为锥度左偏指令；G52 为锥度右偏指令；G50 为取消锥度指令。

沿加工轨迹方向观察，电极丝上端在底平面加工轨迹的左边即为 G51，电极丝上端在底平面加工轨迹的右边即为 G52。顺时针方向走丝时，锥度左偏加工出工件上大下小，右偏加工出工件上小下大；逆时针方向走丝时，锥度左偏加工出工件上小下大，右偏加工出工件上大下小。加工时根据工件要求，选择恰当的走丝方向及左右偏指令。

程序段格式：

G51 A ＿

G52 A ＿

G50（单列一段）

其中，A 表示角度值，一般轴联动机床的切割锥度可达±6°/50mm。

在进行锥度加工时，还需输入工件及工作台参数，如图 7.19 所示，图中：W 为下导轮中心到工作台的距离，单位为 mm ；H 为工件厚度，单位为 mm；S 为工件台面上导轮中心高度，单位为 mm。

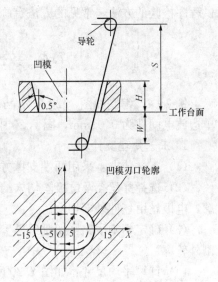

图 7.19　凹模锥度加工

（2）G54、G55、G56、G57、G58、G59 当工件上有多个型孔需加工，为使尺寸计算简单，可将每个型孔上便于编程的某一点设为其加工坐标系原点，建立其自有的加工坐标系。

程序段格式：G54（单列一段）

其余五个加工坐标系设定指令的格式与 G54 相同。

（3）手动操作指令 G80、G82、G84。G80 为接触感知指令，可使电极丝从现行位置接触工件，然后停止；G82 为半程移动指令，使加工位置沿指定坐标轴返回一半的距离（当前坐标系中坐标值一半的位置）；G84 为校正电极丝指令，能通过微弱放电校正电极丝与工作台的垂直度，在加工前一般要先进行校正。

（4）M 是系统的辅助功能指令。

M00——程序暂停，按"回车"键才能执行下面程序，电极丝在加工中进行装拆前后应用；

M02——程序结束，系统复位；

M05——接触感知解除；

M96——程序调用（子程序），程序段格式：M96 子程序名（子程序名后加"."）；

M97——子程序调用结束。

7.3.4　程序编制步骤

（1）根据相应的装夹情况和切割方向，确定相应的计算坐标系。为了简化计算，尽量选取图形的对称轴线为坐标轴。

（2）按选定的电极丝半径 r、放电间隙 δ，计算电极丝中心相对工件轮廓的偏移量 D。

（3）采用 3B 格式编程，将电极丝中心轨迹分割成平滑的直线和单一的圆弧，计算出各段轨迹交点的坐标值；采用 4B 或 ISO 格式编程，将需切割的工件轮廓分割成平滑的直线和单一的圆弧，按轮廓平均尺寸计算出各线段交点的坐标值。

（4）根据电极丝中心轨迹（或轮廓）各交点坐标值及各线段的加工顺序，逐段编制程序。

（5）程序检验：编好的程序一般要经过检验才能用于正式加工。机床数控系统一般都提供程序检验的方法，常见的方法有画图检验和空运行等。

7.4　数控电火花线切割加工实例

例7-4　编制如图 7.20 所示凸凹模的线切割加工程序。已知电极丝直径为 $\phi0.1$mm，单边放电间隙为 0.01mm，图 7.20 中双点划线为坯料外轮廓。

1. 工艺处理及计算

（1）工件装夹：采用两端支撑方式装夹工件，如图 7.21 所示。

（2）选择穿丝孔及电极丝切入的位置：切割型孔时，在型孔中心处钻中心孔；切割外轮廓，电极丝由坯件外部切入。

（3）确定切割线路：切割线路参见图 7.21，箭线所示为切割线路。先切割型孔，后切割外轮廓。

（4）计算平均尺寸：如图 7.20 所示。

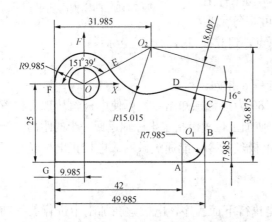

图 7.20　平均尺寸

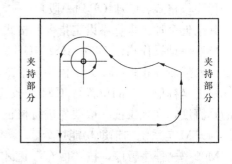

图 7.21　工件装夹及切割线路

（5）确定计算坐标系：为简单起见，直接选型孔的圆心作为坐标系原点，建立坐标系，如图 7.20 所示。

（6）确定偏移量。

$$D = r + \delta = (0.1/2 + 0.01)\text{mm} = 0.06\text{mm}$$

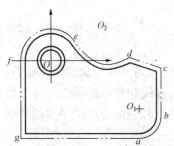

图 7.22　电极丝中心轨迹

2. 编制加工程序

（1）3B 格式编程。

1）计算电极丝中心轨迹　3B 格式须按电极丝中心轨迹编程。电极丝中心轨迹见图 7.22 双点划线，相对工件平均尺寸偏移一垂直距离 $D=0.06$mm。

2）计算交点坐标　将电极丝中心轨迹划分为单一的直线或圆弧，可通过几何计算或 CAD 查询得到各点坐标。各点的坐标如表 7.6 所示。

表 7.6　　　　　　　　　　凸凹模电极丝轨迹各线段交点及圆心坐标

交点	X	Y	交点	X	Y	圆心	X	Y
a	32.015	−25.060	e	8.839	4.772	O	0	0
b	40.060	−17.015	f	−10.045	0	O_1	32.015	−17.015
c	40.060	−3.651	g	−10.045	−25.060	O_2	22	11.875
d	29.993	−0.765						

切割型孔时电极丝中心至圆心 O 的距离（半径）为

$$R = 10.01/2 - 0.06\text{mm} = 4.945\text{mm}$$

3）编写程序单　切割凸凹模时，先切割型孔，然后按：从 g 下面距 g 为 9.94mm 的点切入→g→a→b→c→d→e→f→g→g 下面距 g 为 9.94mm 的点切出的顺序切割，采用相对坐标编程，其线切割程序单如表 7.7 所示。

表 7.7　　　　　　　　　　凸凹模切割程序单（3B 格式）

序号	B	X	B	Y	B	J	G	Z	说　　明
1	B	4945	B	0	B	004945	GX	L_1	穿丝孔切入，O→电极丝中心
2	B	4945	B	0	B	019780	GY	NR_1	加工型孔圆弧
3	B	4945	B	0	B	004945	GX	L_1	切出，电极丝中心→O
4								D	拆卸钼丝
5	B	10045	B	35000	B	035000	GY	L_3	空走，O→g，并从下面距 g 为 9.94mm 的点切出
6								D	重新装钼丝
7	B	0	B	9940	B	009940	GY	L_2	从 g 下面距 g 为 9.94mm 的点切入
8	B	42060	B	0	B	042060	GX	L_1	加工 g→a
9	B	0	B	8045	B	008045	GY	NR_4	加工 a→b
10	B	0	B	13364	B	013364	GY	L_2	加工 b→c
11	B	10067	B	2886	B	010067	GX	L_2	加工 c→d
12	B	7993	B	12640	B	010167	GY	SR_4	加工 d→e
13	B	8839	B	4772	B	015318	GY	NR_1	加工 e→f
14	B	0	B	25060	B	025060	GY	L_4	加工 f→g
15	B	0	B	9940	B	009940	GY	L_4	g→g，并从下面距 g 为 9.94mm 的点切出
16								D	加工结束

（2）4B 格式编程。

1）计算交点坐标：4B 格式直接按工件轮廓编程，即按图 7.20 所示平均尺寸编程，各点坐标如表 7.8 所示。

表 7.8 凸凹模轮廓各线段交点及圆心坐标

交点	X	Y	交点	X	Y	圆心	X	Y
a	32.015	-25	e	8.787	4.743	O	0	0
b	40	-17.015	f	-9.985	0	O_1	32.015	-17.015
c	40	-3.697	g	-9.985	-25	O_2	22	11.875
d	30.003	-0.83						

2）编写程序单：采用相对坐标编程，其线切割程序单如表 7.9 所示。

表 7.9 凸凹模切割程序单（4B 格式）

序号	B	X	B	Y	B	J	B	R	G	D 或 DD	Z	说　明
1	B		B		B	005005	B		GX		L_1	穿丝孔切入，O→电极丝中心
2	B	5005	B		B	020020	B	005005	GY	D	NR_1	加工型孔圆弧
3	B		B		B	005005	B		GX		L_3	切出，电极丝中心→O
4										D		拆卸钼丝
5	B	9985	B	35000	B	035000	B		GY		L_3	空走，O→g，并从下面距 g 为 10mm 的点切出
6										D		重装钼丝
7	B		B		B	010000	B		GY		L_2	从 g 下面距 g 为 10mm 的点切入
8	B		B		B	042000	B		GX		L_1	加工 g→a
9	B		B	7985	B	007985	B	007985	GY	D	NR_4	加工 a→b
10	B		B		B	013318	B		GY		L_2	加工 b→c
11	B	9997	B	2867	B	009997	B		GX		L_2	加工 c→d
12	B	8003	B	12705	B	010193	B	015015	GY	DD	SR_4	加工 d→e
13	B	8787	B	4743	B	015227	B	009985	GY	D	NR_1	加工 e→f
14	B		B		B	025000	B		GY		L_4	加工 f→g
15	B		B		B	010000	B		GY		L_4	g→g，并从下面距 g 为 10mm 的点切出
16										D		停机

（3）ISO 代码编程。按图 7.20 所示平均尺寸编程，其线切割程序单如表 7.10 所示。

表 7.10 凸凹模切割程序单（ISO 格式）

程 序 段	说 明
AM	主程序名为 AM
G90	绝对坐标编程
G92 X0 Y0	设置工件坐标系
G41 D60	左偏间隙补偿，D 偏移量为 0.06mm
G01 X5005 Y0	穿丝孔切入，O→电极丝中心（5.005，0）
G03 X5005 Y0 I-5005 J0	走逆圆，线切割型孔，I、J 为圆心相对于起点值
G40	取消间隙补偿
G01 X0 Y0	回到坐标原点
M00	程序暂停
G00 X-9985 Y-35000	快速走到 g 点下方 10mm 处
M00	程序暂停
G41 D60	左偏间隙补偿，D 偏移量为 0.06mm
G01 X-9985 Y-25000	走到 g 点
X32 015	加工 g→a
G03 X40 Y-17015 I0 J7985	加工 a→b
G01 X40 Y-3697	加工 b→c
G01 X30003 Y-830	加工 c→d
G02 X8787 Y4743 I-8003 J12705	加工 d→e
G03 X-9985 Y0 I-8787 J-4743	加工 e→f
G01 X-9985 Y-25000	加工 f→g
G40	取消间隙补偿
G01 Y-35000	从 g→g 下方 10mm 切出
M02	程序结束

思 考 题 与 习 题

7-1 简述数控线切割加工原理及其与电火花加工的区别。

7-2 如何校正电极丝的垂直度？

7-3 如何选择线切割加工工艺参数？

第 8 章　电火花机床的编程与加工

本章要点

➢ 电火花加工的原理和特点
➢ 影响电火花加工的主要工艺因素
➢ 常用编程指令

8.1　电 火 花 概 述

电火花加工又称放电加工（Electrical Discharge Machining，EDM）。在电火花加工中，通过正负电极间脉冲放电时在加工的金属表面产生局部瞬时的高温，熔化和汽化金属并通过工作液把金属屑（电蚀产物）排除掉，又称为放电加工、电蚀加工、电脉冲加工等，是一种利用电、热能量进行加工的方法，是在 20 世纪 40 年代开始研究和逐步应用到生产中的。早在 19 世纪初，人们就发现，插头或电器开关触点在闭合或断开时，会出现明亮的蓝白色的火花，因而烧坏接触部位。人们在研究如何延长电器触头使用寿命过程中，认识了产生电腐蚀的原因，掌握了电腐蚀的规律。要使电腐蚀原理用于尺寸加工，必须解决如下问题：

（1）电极之间始终保持确定的距离。因为，电火花的产生是由于电极间的介质被击穿。在电压、介质状态等条件不变的情况下，击穿直接决定于极间距离，只有极间距离稳定，才能获得连续稳定的放电。

（2）放电点的局部区域达到足够高的电流密度，以确保被加工材料能在局部熔化、气化，否则只有加热被加工材料。

（3）必须是脉冲性的放电，以确保放电所产生的热量，来不及传导扩散到被加工材料的其他部位而集中在局部，使局部的材料产生熔化、气化而被蚀除。否则放电脉宽太大，超过 $1\,000\mu s$，则放电产生的热量会向材料内部产生球形扩散，产生大范围的熔化、气化。这种情况，只能进行切割和焊接，无法进行精密尺寸加工。如果脉间过小，介质在击穿电离状态来不及恢复介电性能，后脉冲就会产生稳定电弧，烧伤电极，无法正常加工。

（4）及时排除电极间的电蚀产物，以确保电极间介电性能的稳定。否则，电蚀产物将充塞在电极间形成短路，无法正常加工。

解决上述问题的办法是：使用脉冲电源和放电间隙自动进给控制系统，在具有一定绝缘强度和一定黏度的电介质中进行放电加工。

8.1.1　电火花加工的原理和特点

图 8.1 所示是电火花加工的原理示意图。正极性接法是将工件接阳极，工具接阴极；负极性接法是将工件接阴极，工具接阳极。工件电极和工具电极均浸泡在工作介质当中，工具电极在自动进给调节装置的驱动下，与工件电极间保持一定的放电间隙。电极的表面是凹凸不平的，当脉冲电压加到两极上时，某一相对间隙最小处或绝缘强度最低处的工作液将最先被电离为负电子和正离子而被击穿，形成放电通道，电流随即剧增，在该局部产生火花放

电，瞬时高温使工件和工具表面都蚀除掉一小部分金属。单个脉冲经过上述过程，完成了一次脉冲放电，而在工件表面留下一个带有凸边的小凹坑，这样以很高的频率连续不断地重复放电，工具电极不断地向工件进给，就将工具的形状复制在工件上，加工出所需要的零件。

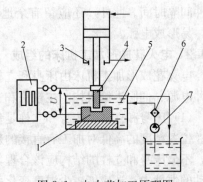

图 8.1　电火花加工原理图

1—工件；2—脉冲电源；3—自动进给调节装置；
4—工具电极；5—工作液；6—过滤器；7—泵

电火花加工是不断放电蚀除金属的过程。虽然一次脉冲放电的时间很短，但它是电磁学、热力学和流体力学等综合作用的过程，是相当复杂的。综合起来，一次脉冲放电的过程可分为以下几个阶段：

（1）极间介质的电离、击穿及放电通道的形成。当脉冲电压施加于工具电极与工件之间时，两极之间立即形成一个电场。电场强度与电压成正比，与距离成反比，随着极间电压的升高或是极间距离的减小，极间电场强度也将随着增大。由于工具电极和工件的微观表面是凸凹不平的，极间距离又很小，因而极间电场强度是很不均匀的，两极间离得最近的突出点或尖端处的电场强度一般为最大。当电场强度增大到一定数量时，介质被击穿，放电间隙电阻从绝缘状态迅速降低到几分之一欧姆，间隙电流迅速上升到最大值。由于通道直径很小，所以通道中的电流密度很高。间隙电压则由击穿电压迅速下降到火花维持电压（一般约为 $20\sim30\mathrm{V}$），电流则由 0 上升到某一峰值电流。

（2）介质热分解、电极材料熔化、汽化、热膨胀。极间介质一旦被电离、击穿，形成放电通道后，脉冲电源使通道间的电子高速奔向正极，正离子奔向负极。电能变成动能，动能通过碰撞又转变为热能。于是在通道内正极和负极表面分别成为瞬时热源，达到很高的温度。通道高温将工作液介质汽化，进而热裂分解汽化。这些汽化后的工作液和金属蒸气，瞬间体积猛增，在放电间隙内成为气泡，迅速热膨胀并具有爆炸的特性。观察电火花加工过程，可以看到放电间隙间冒出气泡，工作液逐渐变黑，并听到轻微而清脆的爆炸声。电火花加工主要靠热膨胀和局部微爆炸，使熔化、汽化了的电极材料抛出蚀除。

（3）电极材料的抛出。通道和正负极表面放电点瞬时高温使工作液气化和金属材料熔化、汽化、热膨胀产生很高的瞬时压力。通道中心的压力最高，使汽化了的气体不断向外膨胀，压力高处的熔融金属液体和蒸汽，就被排挤、抛出而进入工作液中。由于表面张力和内聚力的作用，使抛出的材料具有最小的表面积，冷凝时凝聚成细小的圆球颗粒。

熔化和气化了的金属在抛离电极表面时，向四处飞溅，除绝大部分抛入工作液中并收缩成小颗粒外，还有一小部分飞溅、镀覆、吸附在对面的电极表面上。这种互相飞溅、镀覆以及吸附的现象，在某些条件下可以用来减少或补偿工具电极在加工过程中的损耗。

实际上，金属材料的蚀除、抛出过程比较复杂的，目前，人们对这一复杂的机理的认识还在不断深化中。

（4）极间介质的消电离。随着脉冲电压的结束，脉冲电流也迅速降为零，但此后仍应有一段间隔时间，使间隙介质消电离，即放电通道中的带电粒子复合为中性粒子，恢复本次放电通道处介质的绝缘强度，以及降低电极表面温度等，以免下次总是重复在同一处发生放电而导致电弧放电，从而保证在两极间最近处或电阻率最小处形成下一次击穿放电通道。

由此可见，为了保证电火花加工过程正常地进行，在两次脉冲放电之间一般要有足够的脉冲间隔时间。此外，还应留有余地，使击穿、放电点分散、转移，否则仅在一点附近放电，易形成电弧。

8.1.2　电火花成形加工机床的组成

电火花成形加工机床由床身和立柱、工作台、主轴头、工作液和工作液循环过滤系统、脉冲电源、伺服进给机构、主轴头和工作台附件等部分组成。

（1）床身和立柱。床身和立柱是基础结构，由它确保电极与工作台、工件之间的相互位置。位置精度的高低对加工有直接的影响，如果机床的精度不高，加工精度也难以保证。因此，不但床身和立柱的结构应该合理，有较高的刚度，能承受主轴负重和运动部件突然加速运动的惯性力，还应能减少温度变化引起的变形。

（2）工作台。工作台主要用来支承和装夹工件。在实际加工中，通过转动纵横向丝杆来改变电极与工件的相对位置。工作台上装有工作液箱，用以容纳工作液，使电极和工件浸泡在工作液里，起到冷却、排屑作用。工作台是操作者装夹找正时经常移动的部件，通过移动上下滑板，改变纵横向位置，达到电极与工具件间所要求的相对位置。

（3）主轴头。主轴头是电火花成形加工机床的一个关键部件，在结构上由伺服进给机构、导向和防扭机构、辅助机构三部分组成。用以控制工件与工具电极之间的放电间隙。

主轴头的好坏直接影响加工的工艺指标，如生产率、几何精度以及表面粗糙度，因此对主轴头有如下要求：

1）有一定的轴向和侧向刚度及精度；

2）有足够的进给和回升速度；

3）主轴运动的直线性和防扭转性能好；

4）灵敏度要高，无爬行现象；

5）具备合理的承载电极质量的能力。

我国早在 20 世纪 60、70 年代曾广泛采用液压伺服进给的主轴头如 DYT-1 型、DYT-2 型，目前已普遍采用步进电动机、直流电动机或交流伺服电动机作进给驱动的主轴头。

（4）电火花加工机床的工作液和循环过滤系统。电火花加工时工作液的作用有以下几方面：

1）放电结束后恢复放电间隙的绝缘状态（消电离），以便下一个脉冲电压再次形成火花放电。为此要求工作液有一定的绝缘强度，其电阻率在 $10^3 \sim 10^6 \Omega$ 之间。

2）使电蚀产物较易从放电间隙中悬浮、排泄出去，免得放电间隙严重污染，导致火花放电点不分散而形成有害的电弧放电。

3）冷却工具电极和降低工件表面瞬时放电产生的局部高温，否则表面会因局部过热而产生结炭、烧伤并形成电弧放电。

4）工作液还可压缩火花放电通道，增加通道中压缩气体、等离子体的膨胀及爆炸力，以抛出更多熔化和气化了的金属，增加蚀除量。

目前采用煤油作为电火花成形加工的工作液，因为新煤油的电阻率为 $10^6 \Omega$，而使用中在 $10^4 \sim 10^5 \Omega$ 之间，且比较稳定，其黏度、密度、表面张力等性能也全面符合电火花加工的要求。不过煤油易着火，因此当粗规准加工时，应使用机油或掺机油的工作液。

（5）电火花成型机床的脉冲电源。脉冲电源的作用是把工频交流电转换成供给火花放电间隙所需要的能量来蚀除金属。脉冲电源对电火花加工的生产率、表面质量、加工速度、加工过程的稳定性和工具电极损耗等技术经济指标有很大的影响。

现在普及型（经济型）的电火花加工机床都采用高低压复合的晶体管脉冲电源，中、高档的电火花加工机床都采用微机数字化控制的脉冲电源，而且内部存有电火花加工规准数据库，可以通过微机设置和调用各档粗、中、精加工规准参数。

(6) 电火花加工机床的伺服进给。电火花加工与切削加工不同，属于"不接触加工"。正常电火花加工时，工具和工件间有一放电间隙 S。如果间隙过大，脉冲电压击不穿间隙间的绝缘工作液，则不会产生火花放电，必须使电极工具向下进给，直到间隙 S 等于或小于某一值（一般 $S=0.01\sim0.1$mm，与加工规准有关），才能击穿并产生火花放电。在正常的电火花加工时，工件以 w 的速度不断被蚀除，间隙 S 将逐渐扩大，必须使电极工具以速度 d 补偿进给，以维持所需的放电间隙。如进给量 d 大于工件的蚀除速度 w，则间隙 S 将逐渐变小，甚至等于零，形成短路。当间隙过小时，必须减少进给速度 d。如果工具工件间一旦短路（$S=0$mm），则必须使工具以较大的速度 d 反向快速回退，消除短路状态，随后再重新向下进给，调节到所需的放电间隙。这是正常电火花加工所必须解决的问题。

8.1.3 电火花加工中的一些基本规律

1. 数控电火花成型加工的加工对象

由于电火花成形加工有其独特的优点，加上数控水平和工艺技术的不断提高，其应用领域日益扩大，已在机械（特别是模具制造）、宇航、航空、电子、核能、仪器、轻工等部门用来解决各种难加工材料和复杂形状零件的加工问题。加工范围可从几微米的孔、槽到几米大的超大型模具和零件。

(1) 适合于用传统机械加工方法难于加工的材料加工。因为材料的去除是靠放电热蚀作用实现的，材料的加工性主要取决于材料的热学性质，如熔点、比热容、导热系数（热导率）等，而几乎与其机械性质（硬度、韧性、抗拉强度等）无关。这样，工具电极材料不必比工件硬，故使电极制造比较容易。

1) 加工模具。如冲模、锻模、塑料模、拉伸模、压铸模、挤压模、玻璃模、胶木模、陶土模、粉末冶金烧结模、花纹模等。电火花加工可在淬火后进行，免去了热处理变形的修正问题。多种型腔可整体加工，避免了常规机械加工方法因需拼装而带来的误差。

2) 航空、宇航、机械等部门中高温合金等难加工材料的加工。例如，喷气发动机的涡轮叶片和一些环形件上，大约需要有一百万个冷却小孔，其材料为又硬又韧的耐热合金，电火花加工是合适的工艺方法。

3) 微细精密加工。通常可用于 $0.01\sim1$mm 范围内的型孔加工，如化纤异型喷丝孔、发动机喷油嘴、电子显微镜栅孔、激光器件、人工标准缺陷的窄缝加工等。

4) 加工各种成形刀具、样板、工具、量具、螺纹等成形零件。

(2) 可加工特殊及复杂形状的零件。由于电极和工件之间没有接触式相对切削运动，不存在机械加工时的切削力，故适宜加工低刚度工件和进行微细加工。当脉冲放电时间短时，材料被加工表面受热影响的范围小，适宜于加工热敏材料。

(3) 直接利用电能加工，便于实现过程的自动化。加工条件中起重要作用的电参数容易调节，能方便地进行粗、半精、精加工各工序，简化工艺过程。

(4) 利用数控功能可显著扩大应用范围。如水平加工、锥度加工、多型腔加工，采用简单电极进行三维型面加工，利用旋转主轴进行螺旋面加工等。

2. 电火花加工中的一些基本规律

（1）极性效应。在电火花加工过程中，不仅工件材料被蚀除，工具电极也同样遭到蚀除，但阳极（指接电源正极）和阴极（指接电源负极）的蚀除速度不同，这种现象叫"极性效应"。为了减少工具电极的损耗和提高生产效率，总希望极性效应越显著越好，即工件材料蚀除快，而工具蚀除慢。因此，电火花加工的电源应选择直流脉冲电源。若采用交流脉冲电源，工件与工具的极性不断改变，使总的极性效应等于零。同时要注意正确选择极性：一般当电源为高频时，工件接正极，当电源为低时，工件接负极；当使用钢制工具电极时，不管电源脉冲频率的高低，工件一律接负极。

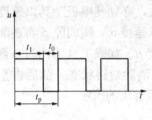

图 8.2　脉冲波形

（2）脉冲放电。电火花加工中，火花放电必须是瞬间的脉冲放电，放电延续时间很短，一般为 $10^{-7} \sim 10^{-3}$ s，这样才能使火花放电时所产生的热量来不及传导扩散到其余部分，从而把每一次放电点分别限制在很小的范围内，以完成对工件的尺寸加工。

（3）放电间隙。电火花加工中，还必须使工具电极与工件被加工表面之间保持一定的放电间隙，通常为几微米至几十微米。如果间隙过大，极间电压不能击穿极间介质，则不会产生电火花放电，如果间隙过小，很容易形成短路。因此电火花机床必须具有工具电极的自动进给和间隙调节装置，以保证极间正常的火花放电。

（4）工作液。电火花加工一般把电极和工件放入绝缘液体中，这类液体称作工作液。工作液的作用是：形成火花击穿放电通道，并在放电结束后迅速恢复间隙的绝缘状态，对放电通道产生压缩作用，帮助电蚀产物的抛出和排除，对工具、工件的冷却作用。因此，工作液选择对电蚀量也有较大的影响，介质性能好、密度和黏度大的工作液有利于压缩放电通道，提高放电的能量密度，强化电蚀产物的抛出效应，但黏度太大不利于电蚀产物的排除，影响正常放电。

目前，电火花成型加工主要采用油类介质为工作液，粗加工往往选用介电性能好、黏度较大的机油，且柴油的燃点较高，大能量加工时着火燃烧的可能性小，而在中、精加工时放电间隙比较小，排屑困难，故一般均选用黏度小、流动渗透性好的煤油作为工作液。

8.1.4　影响电火花加工的主要工艺因素

1. 数控电火花成型过程参数与主要工艺指标

电火花加工过程中，脉冲放电是个快速复杂的动态过程，多种干扰对加工效果的影响很难掌握。影响工艺指标的主要因素可以分为离线参数（加工前设定，加工中基本不再调节的参数，如极性、峰值电压等）和在线参数（加工中常需调节的参数，如脉冲间隔、进给速度等）。

（1）在线控制参数。在线控制参数在加工中的调整没有规律可循，主要依靠经验。它们对表面粗糙度和侧面间隙的影响不大，下面介绍一些调整的参考性方法。

1）伺服参考电压 S_v（平均端面间隙 S_F）。S_v 与 S_F 呈一定的比例关系，这一参数对加工速度和电极相对损耗影响很大。一般说来，其最佳值并不正好对应于加工速度的最佳值，而应当使间隙稍微偏大些，这时的电极损耗较小。小间隙不但引起电极损耗加大，还容易造成短路和拉弧，因而稍微偏大的间隙在加工中比较安全，在加工起始阶段更为必要。

2）脉冲间隔 t_0。当 t_0 减小时，u_w 提高，θ 减小。但是过小的 t_0 会引起拉弧，只要能保证进给稳定和不拉弧，原则上可选取尽量小的 t_0 值，但在加工起始阶段应取较大的值。

3）冲液流量。由于电极损耗随冲液流量（压力）的增加而增大，因而只要能使加工稳定，保证必要的排屑条件，应使冲液流量尽量小（在不计电极损耗的场合另作别论）。

4）伺服抬刀运动。抬刀意味着时间损失，只有在正常冲液不够时才采用，而且要尽量缩小电极上抬和加工的时间比。

（2）离线控制参数。这类参数通常在安排加工时要预先选定，并在加工中基本不变，但在下列一些特定的场合，它们还是需要在加工中改变的。

1）加工起始阶段。实际放电面积由小变大，这时的过程扰动较大，采用比预定规准小的放电电流可使过渡过程比较平稳，等稳定加工几秒钟后再把放电电流调到设定值。

2）补救过程扰动。加工中一旦发生严重干扰，往往很难摆脱。例如拉弧引起电极上的结碳沉积后，所有以后的放电就容易集中在积碳点上，从而加剧了拉弧状态。为摆脱这种状态，需要把放电电流减少一段时间，有时还要改变极性（暂时人为地高损耗）来消除积炭层，直到拉弧倾向消失，才能恢复原规准加工。

3）加工变截面的三维型腔。通常开始时加工面积较小，放电电流必须选小，然后随着加工深度（加工面积）的增加而逐渐增大电流，直至达到为满足表面粗糙度、侧面间隙或电极损耗所要求的电流值。对于这类加工控制，可预先编好加工电流与加工深度的关系表。同样，在加工带锥度的冲模时，可编好侧面间隙与电极穿透深度的关系表，再由侧面间隙要求调整离线参数。

（3）出现拉弧时的补救措施如下：

1）增大脉冲间隔。

2）调大伺服参考电压（加工间隙）。

3）引入周期抬刀运动，加大电极上抬和加工的时间比。

4）减小放电电流（峰值电流）。

5）暂停加工，清理电极和工件（例如用细砂纸轻轻研磨）后再重新加工。

6）试用反极性加工（短时间），使积炭表面加速损耗掉。

2. 影响电火花加工精度的因素

影响电火花加工精度的主要因素有：

（1）放电间隙的大小及其一致性。电火花加工时，电极和工件之间发生脉冲放电须保持一定的距离，该距离称为放电间隙。由于放电间隙的存在，使加工出的工件型孔或型腔尺寸与电极尺寸相比，周围要均匀的大一个间隙值（一般为 $0.01 \sim 0.1\text{mm}$），加工精度与放电间隙的大小是否均匀有关。间隙越稳定均匀，其加工精度就越高，工件加工质量也越好。

（2）工具电极的损耗及其稳定性。在电火花加工过程中，随着工件不断被腐蚀，电极也必然要产生损耗。电极损耗会影响工件的加工精度，因此，研究与电极损耗有关的因素，并设法减少电极损耗及不良影响是十分重要的。影响电极损耗的因素主要是电极形状及电极材料。

在电火花加工过程中，电极不同部位的损耗程度是不同的。如电极的尖角、棱边等凸出部位的电场强度较强，易形成尖端放电。所以，这些部位损耗快。由于电极损耗速度不均匀，必然会引起加工精度的下降。

电极的材料不同，电极的损耗程度也不同。其损耗主要受电极材料热学物理常数的综合影响。当脉冲放电能量相同时，以钛钨和石墨为材料的电极，熔点高、沸点高、耐腐蚀性强、电极损耗小，因此在型腔加工中，常利用石墨材料作电极。

3. 影响电火花加工生产率的主要因素

单位时间内从工件上腐蚀的金属量，称为电火花加工的生产率。生产率的高低受诸多因素的影响。

（1）脉冲宽度。对于矩形波脉冲电源，在脉冲电流峰值一定时，脉冲能量与脉冲宽度成正比，即能量越大，加工效率就越高。

（2）脉冲间隙。在脉冲宽度一定的条件下，脉冲间隙小，加工效率高。但脉冲间隙小于某一数值后，随着脉冲间隙的继续减小，加工效率反而降低。带有脉冲间隙自适应控制系统的脉冲电源，能根据放电间隙的状态在一定的范围内调节脉冲间隙，既能保持稳定加工，又可获得较大的加工效率。

（3）电流峰值。当脉冲宽度和脉冲间隙一定时，随着电流峰值的增加，加工效率也增加。但电流峰值增大了工件的表面粗糙度值和电极损耗。在生产中，应根据不同的加工面积确定工作电流，并估算出所需的电流峰值。

（4）加工面积的影响。加工面积较大时，对加工效率没有多大影响，当加工面积小至某一临界值时，加工效率就会显著降低，这种现象叫面积效应。

（5）排屑条件。加工中除较浅型腔可用打排气孔的方法排泄外，一般都用冲油或抽油排屑。适当增加冲油压力会使加工效率提高，但压力超过某一数值后，随压力的增加加工效率会略有降低。为了有利于排屑，除采用冲油外还经常采用抬起电极排屑的方法。

（6）电极材料和加工极性。采用石墨电极，在同样的加工电流时正极性比负极性加工效率高，但在粗加工时电极损耗甚大。采用负极性加工时会降低效率，但电极损耗将大大减少，加工稳定性将有所提高。

（7）工件材料。一般来说，工件材料的熔点、沸点越高，比热容、熔化潜热和气化潜热就越大，加工效率就越低，即难以加工。

（8）工作液。用石墨、紫铜等电极加工钢件时，采用煤油比机油的加工效率高。当采用水或酒精溶液时，加工效率极低，但电极损耗可减少。改变油的黏度对加工效率也有影响，如在煤油中加入一半机油，可使加工效率有所提高。

8.2 数控电火花机床的编程

8.2.1 SF510F 编程简介

数控电火花加工时要使用数控加工程序。这里以北京阿奇工业电子有限公司生产的SF510F 为例，说明电火花数控加工编程指令。该机床的坐标轴规定如下：

（1）左右方向为 X 轴，主轴头向工作台右方作相对运动时为正方向；

（2）前后方向为 Y 轴，主轴头向工作台立柱侧作相对运动时为正方向；

（3）上下方向为 Z 轴，主轴头向上运动时为正方向。

对于本系统支持的 G00、G01、G02、G03、G04、G17、G18、G19 等不再说明。

8.2.2　常用编程指令

（1）电火花成型机床镜像指令 G05、G06、G07、G08、G09。G05 为 X 轴镜像；G06 为 Y 轴镜像；G07 为 Z 轴镜像；G08 为 X、Y 轴交换指令，即交换 X 轴和 Y 轴；G09 为取消图形镜像。

说明：

1）执行一个轴的镜像指令后，圆弧插补的方向将改变，即 G02 变为 G03，G03 变为 G02，如果同时有两轴的镜像，则方向不变；

2）执行轴交换指令，圆弧插补的方向将改变；

3）两轴同时镜像，与代码的先后次序无关，即"G05G06;"与"G06G05;"的结果相同；

4）使用这组代码时，程序中的轴坐标值不能省略，即使是程序中的 Y0、X0 也不能省略。

（2）电火花成型机床尖角过渡指令 G28、G29。G28 为尖角圆弧过渡，在尖角处加一个过渡圆，缺省为 G28；G29 为尖角直线过渡，在尖角处加三段直线，以避免尖角损伤。尖角和圆角过渡如图 8.3 所示（虚线为刀具中心轨迹），如补偿值为 0，尖角过渡策略无效。

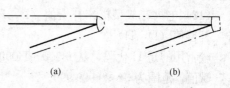

(a)　　　　　(b)

图 8.3　尖角过渡

（a）尖角圆弧过渡；（b）尖角直线过渡

（3）电火花成型机床抬刀控制指令 G30、G31、G32。G30 为指定抬刀方向，后接轴向指定，如"G30Z+"，即抬刀方向为 Z 轴正向；G31 为指定按加工路径的反方向抬刀；G32 为伺服轴回平动中心点后抬刀。

（4）电火花成型机床电极半径补偿指令 G40、G41、G42。G41 为电极半径左补偿；G42 为电极半径右补偿。它是在电极运行轨迹的前进方向上，向左或向右偏移一定量，偏移量由"H×××"确定，如"G41H×××"；G40 为取消电极半径补偿。

（5）电火花成型机床选择坐标系指令 G54、G55、G56、G57、G58、G59。这组代码用来选择坐标系，可与 G92、G00、G91 等一起使用，有关内容可参阅 ISO 代码。

（6）电火花成型机床感知指令 G80。G80 指定轴沿指定方向前进，直到电极与工件接触为止。方向用"+"、"-"号表示（"+"、"-"号均不能省略）。如"G80X-;"使电极沿 X 轴负方向以感知速度前进，接触到工件后，回退一小段距离，再接触工件，再回退，上述动作重复数次后停止，确认已找到了接触感知点，并显示"接触感知"。

接触感知可由三个参数设定：

1）感知速度，即电极接近工件的速度，从 0～255，数值越大，速度越慢；

2）回退长度，即电极与工件脱离接触的距离，一般为 250μm；

3）感知次数，即重复接触次数，从 0～127，一般为 4 次。

（7）电火花成型机床回极限位置指令 G81。G81 使指定的轴回到极限位置停止，如"G81Y-;"使机床 Y 轴快速移动到负极限后减速，有一定过冲，然后回退一段距离，再以低速到达极限位置停止。

（8）电火花成型机床固化程序指令 G53、G87。在固化的子程序中，用 G53 代码进入子程序坐标系；用 G87 代码退出子程序坐标系，回到原程序所设定的坐标系。

（9）电火花成型机床跳段开关指令 G11、G12。G11 为"跳段 ON"，跳过段首有"/"符号的程序段；G12 为"跳段 OFF"，忽略段首的"/"符号，照常执行该程序段。

（10）电火花成型机床编程单位选择指令 G20、G21。这组代码应放在 NC 程序的开头用于选择单位制。G20 表示英制，有小数点为英寸，否则为万分之一英寸，如 0.5 英寸可写作"0.5"或"5 000"；

G21 表示公制，有小数点为毫米，否则为微米，如 12mm 可写作"12."或"12 000"。

（11）电火花成型机床旋转指令 G26、G27。

格式：G26 RA

G26 为旋转打开。RA 给出旋转角度，加小数点为度，否则为千分之一度。如"G26 RA 60.0;"表示图形旋转 60°。图形旋转功能仅在 G17（XOY 平面）和 G54（坐标系 1）条件下有效，否则出错。

G27 为旋转取消。

（12）电火花成型机床补偿值（D，H）。

补偿值（D，H）

较常用的是 H 代码，从 H000～H099 共有 100 个补偿码，可通过赋值语句"H×××=__"赋值，范围为 0～99 999 999。

（13）电火花成型机床 G82 指令。G82 使电极移到指定轴当前坐标的 1/2 处，假如电极当前位置的坐标是 X100.Y60.，执行"G82X"命令后，电极将移动到 X50。

（14）电火花成型机床读坐标值指令 G83。G83 把指定轴的当前坐标值读到指定的 H 寄存器中，H 寄存器地址范围为 000～890。例如："G83 X012;"把当前 X 坐标值读到寄存器 H012 中；"G83 Z053;"把当前 Z 坐标值读到寄存器 H053 中。

（15）电火花成型机床 G84 为 G85 定义一个 H 寄存器的起始地址。

1）定义寄存器起始地址指令 G84。G84 为 G85 定义一个 H 寄存器的起始地址。

2）G85。G85 把当前坐标值读到由 G84 指定了起始地址的 H 寄存器中，同时 H 寄存器地址加一。

例 8-1　G90 G92 X0 Y0 Z0;

G84 X100;　//X 坐标值放到由 H100 开始的地址中

G84 Y200;　//Y 坐标值放到由 H200 开始的地址中

G84 Z300;　//Z 坐标值放到由 H300 开始的地址中

G85 X;

G85 Y;

G85 Z;

执行上述指令后，H100＝0，H200＝0，H300＝0。

（16）电火花成型机床定时加工指令 G86。G86 为定时加工。地址为 X 或 T，地址为 X 时，本段加工到指定的时间后结束（不管加工深度是否达到设定值）；地址为 T 时，在加工到设定深度后，启动定时加工，再持续加工指定的时间，但加工深度不会超过设定值。G86 仅对其后的第一个加工代码有效。时分秒各 2 位，共 6 位数，不足补 0。

如 G86 X 001000;（加工 10min，不管 Z 是否达到深度－20 均结束）

G01 Z－20；

（17）电火花成型机床坐标系设定指令 G92。G92 把当前点设置为指定的坐标值。如"G92 X0 Y0；"把当前点设置为（0，0）；又如"G92 X10 Y0；"把当前点设置为（10，0）。

注意：

1）在补偿方式下，遇到 G92 代码，会暂时中断补偿功能；

2）每个程序的开头一定要有 G92 代码，否则可能发生不可预测的错误；

3）G92 只能定义当前点在当前坐标系中的坐标值，而不能定义该点在其他坐标系的坐标值。

（18）电火花成型机床 M 代码、C 代码、T 代码、R 转角功能。

1）M 代码。

①M00：执行 M00 代码后，程序暂停运行，按 Enter 键后，程序接着运行下一段。

②M02：执行 M02 代码后，整个程序结束运行，所有模态代码的状态都被复位，也就是说，上一个程序的模态代码不会影响下一个程序。

③M05：执行 M05 代码后，脱离接触一次（M05 代码只在本程序段有效）。当电极与工件接触时，要用此代码才能把电极移开。

④M98：其格式为"M98××××L×××"。M98 指令使程序进入子程序，子程序号由"P××××"给出，子程序的循环次数则由"L×××"确定。

⑤M99：表示子程序结束，返回主程序，继续执行下一程序段。

2）C 代码。在程序中，C 代码用于选择加工条件，格式为 C×××，C 和数字间不能有别的字符，数字也不能省略，不够三位要补"0"，如 C005。各参数显示在加工条件显示区中，加工中可随时更改。系统可以存储 1 000 种加工条件，其中 0～99 为用户自定义加工条件，其余为系统内定加工条件。

3）T 代码。T 代码有 T84 和 T85。T84 为打开液泵指令，T85 为关闭液泵指令。

4）R 转角功能。R 转角功能，是在两条曲线的连接处加一段过渡圆弧，圆弧的半径由 R 指定，圆弧与两条曲线均相切。程序指定 R 转角功能的格式有：

G01　X＿Y＿R＿；

G02　X＿Y＿I＿J＿R＿；

G03　X＿Y＿I＿J＿R＿；

几点说明：

①R 及半径值必须和第一段曲线的运动代码在同一程序段内；

②R 转角功能仅在有补偿的状态下（G41，G42）才有效；

③当用 G40 取消补偿后，程序中 R 转角指定无效；

④在 G00 代码后加 R 转角功能无效。

8.3　电火花加工实例和模具加工实例

冲模零件如图 8.4 所示，其外形已加工，余量均为 0.50mm，粗线为需要加工部位，要求编制其加工程序，工件的编程原点设在 ϕ30mm 孔。

参考程序：

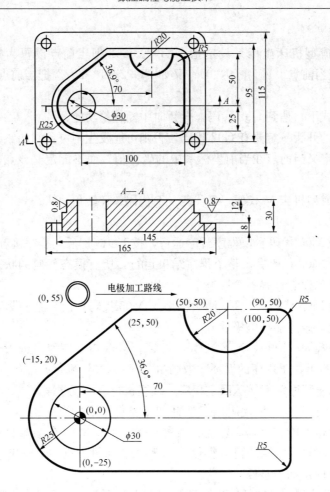

图 8.4　冲模零件示意图

N10	T84；打开液泵	
N20	G90；绝对坐标指令	
N30	G54；工件坐标系 G54	
N40	G00 X0.0 Y55.0；	//快速定位 X0.0 Y55.0
N50	H097＝5000；	//电极补偿半径值
N60	G00 Z-12.0；	//快速定位 Z-12.0
N70	M98 P 0107；	//调用子程序 107
N80	M98 P 0106；	//调用子程序 106
N90	M98 P 0105；	//调用子程序 105
N100	M98 P 0104；	//调用子程序 104
N110	G00 Z5.0；	//快速定位 Z5.0
N120	G00 X0.0 Y0.0；	//返回工件零点
N130	T85 M02；	//关闭液泵及程序结束
N140	；	
N150	N 0107；	//子程序 107

N160	C107 OBT000；	//执行条件号 107
N170	G32；	//指定抬刀方式为按加工路径的反向进行
N180	G00 X0.0 Y55.0；	//快速定位 X0.0 Y55.0
N190	G41 H000＝0.40＋ H097；	//电极左补偿 5.4
N200	G01 X25.0 Y50.0；	//加工
N210	G01 X50.0 Y50.0；	
N220	G03 X90.0 Y50.0 I20.0 J0.0；	
N230	G01 X100.0 Y50.0 R5.0；	
N240	G01 X100.0 Y-25.0 R5.0；	
N250	G01 X0.0 Y-25.0；	
N260	G02 X-15.0 Y20.0 I0.0 J25.0；	
N270	G01 X25.0 Y50.0；	
N280	G40 G00 X0.0 Y55.0；	//取消电极补偿及快速定位 X0.0 Y55.0
N290	M99；	//子程序结束
N300	；	
	N 0106；	//子程序 106
	C106 OBT000；	//执行条件号 106
N330	G32；	//指定抬刀方式为按加工路径的反向进行
N340	G00 X0.0 Y55.0；	//快速定位 X0.0 Y55.0
N350	G41 H000＝0.20＋ H097；	//电极左补偿 5.2
N360	G01 X25.0 Y50.0；	//加工
N370	G01 X50.0 Y50.0；	
N380	G03 X90.0 Y50.0 I20.0 J0.0；	
N390	G01 X100.0 Y50.0 R5.0；	
N400	G01 X100.0 Y-25.0 R5.0；	
N410	G01 X0:0 Y-25.0；	
N420	G02 X-15.0 Y20.0 I0.0 J25.0；	
N430	G01 X25.0 Y50.0；	
N440	G40 G00 X0.0 Y55.0；	//取消电极补偿及快速定位 X0.0 Y55.0
N450	M99；	//子程序结束
N460	；	
	N 0105；	//子程序 105
	C105 OBT000；	//执行条件号 105
N490	G32；	//指定抬刀方式为按加工路径的反向进行
N500	G00 X0.0 Y55.0；	//快速定位 X0.0 Y55.0
N510	G41 H000＝0.10＋ H097；	//电极左补偿 5.1
N520	G01 X25.0 Y50.0；	//加工
N530	G01 X50.0 Y50.0；	
N540	G03 X90.0 Y50.0 I20.0 J0.0；	

N550　　G01 X100.0 Y50.0 R5.0；

N560　　G01 X100.0 Y-25.0 R5.0；

N570　　G01 X0.0 Y-25.0；

N580　　G02 X-15.0 Y20.0 I0.0 J25.0；

N590　　G01 X25.0 Y50.0；

N600　　G40 G00 X0.0 Y55.0；　　　　　//取消电极补偿及快速定位 X0.0 Y55.0

N610　　M99；　　　　　　　　　　　　//子程序结束

N620　　；

　　　　　N 0104；　　　　　　　　　　//子程序 104

　　　　　C104 OBT000；　　　　　　　 //执行条件号 104

N650　　G32；　　　　　　　　　　　　//指定抬刀方式为按加工路径的反向进行

N660　　G00 X0.0 Y55.0；　　　　　　 //快速定位 X0.0 Y55.0

N670　　G41 H000＝0.05＋ H097；　　　//电极左补偿 5.1

N680　　G01 X25.0 Y50.0；　　　　　　//加工

N690　　G01 X50.0 Y50.0；

N700　　G03 X90.0 Y50.0 I20.0 J0.0；

N710　　G01 X100.0 Y50.0 R5.0；

N720　　G01 X100.0 Y-25.0 R5.0；

N730　　G01 X0.0 Y-25.0；

N740　　G02 X-15.0 Y20.0 I0.0 J25.0；

N750　　G01 X25.0 Y50.0；

N760　　G40 G00 X0.0 Y55.0；　　　　　//取消电极补偿及快速定位 X0.0 Y55.0

N770　　M99；　　　　　　　　　　　　//子程序结束

思 考 题 与 习 题

8-1　简述电火花加工的原理及其特点。

8-2　简述影响电火花加工精度的因素。

8-3　简述影响电火花加工生产率的主要因素。

第9章　自动编程技术

本章要点

➤自动编程简介
➤典型的 CAD/CAM 软件
➤MasterCAM 软件介绍
➤CAD/CAM 技术的发展趋势

9.1　自动编程简介

自动编程（Automatic Programming）实际上是指计算机辅助编程（Computer Aided Programming）。目前，自动编程根据编程信息的输入与计算机对信息的处理方式不同，分为语言式和图形交互式两种自动编程方式。

在语言式自动编程方式中，编程人员编程时是依据所用数控语言的编程手册以及零件图样，以语言的形式表达出加工的全部内容，然后再把这些内容全部输入到计算机中进行处理，制作出可以直接用于数控机床的 NC 加工程序。而在图形交互式自动编程方式中，编程人员则首先要对零件图样进行工艺分析，确定构图方案，然后利用自动编程软件本身的计算机辅助设计功能（CAD），在显示器上以人机对话的方式构建出几何图形，最后利用软件的计算机辅助制造功能（CAM）制作出 NC 加工程序。这种自动编程方式又称为图形交互式自动编程，这种自动编程系统是一种 CAD 与 CAM 高度结合的编程系统。由于图形交互式自动编程方便、直观，并且具有良好的用户操作界面，随着计算机图形处理功能的增强及其应用的普及，这种编程方法已经成为自动编程的主流。

9.1.1　自动编程的工作过程

1. 语言式自动编程系统的工作过程

自动编程处理过程如图 9.1 所示。自动编程系统必须具备三个条件：即数控语言编写的零件源程序、通用计算机及其辅助设备和编译程序（系统软件）。数控语言是一种类似车间用语的工艺语言，它是由一些基本符号、字母以及数字组成并有一定词法和语法的语句。用它来描述零件图的几何形状、尺寸、几何元素间的相互关系（相交、相切、平行等）以及加工时的运动顺序、工艺参数等。按照零件图样用数控语言编写的计算机输入程序称为零件源程序，它与我们在手工编程时用 NC 指令代码写出的 NC 加工程序不同，零件源程序不能直接控制机床，只是计算机进行编程时的依据。

通用计算机及其辅助设备是自动编程所需要的硬件。

编译程序又称为自动编程系统，其作用是使计算机具有处理零件源程序和自动输出加工程序的能力，它是自动编程所需要的软件。因为数控语言编写的零件源程序，计算机是不能直接识别和处理的，必须根据具体的数控语言计算机语言（高级语言或汇编语言）以及具体机床的指令，事先给计算机编好一套能处理零件源程序的编译程序（又称为数控编程软件），

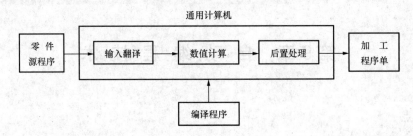

图 9.1 自动编程处理过程

将这种数控编程软件存入计算机中，计算机才能对输入的零件源程序进行翻译、计算并执行根据具体数控机床的控制系统所编写的后置处理程序。

计算机处理零件源程序一般经过下列三个阶段：

（1）翻译阶段。翻译阶段是按源程序的顺序，依次进行一个符号一个符号地阅读并进行语言处理。首先分析语句的类型，当遇到几何定义语句时，则转入几何定义处理程序。另外，在此阶段还需进行十进制到二进制的转换和语法检查等工作。

（2）数值计算阶段。该阶段的工作类似于手工编程时的基点和节点坐标数据的计算，其主要任务是处理连续运动语句。通过计算求出刀具位置数据，并以刀具位置文件的形式加以保存。

（3）后置处理阶段。后置处理阶段是按照计算阶段的信息，通过后置处理生成符合具体数控机床要求的零件加工程序。该加工程序可以通过打印机输出加工程序单，也可以通过穿孔机或者磁带机制成相应的数控带或磁带作为数控机床的输入信息，还可以通过计算机的通信接口，将后置处理的信息直接输至数控机床控制机的存储器，予以调用。目前，经计算机处理的加工程序，还可以通过 CRT 屏幕或绘图机自动绘图，自动绘出刀具相对工件的运动轨迹图形，用以检查程序的正确性，以便编程人员分析错误的性质并加以修改。

2. 图形交互式自动编程系统的工作过程

图形交互式自动编程是建立在 CAD 和 CAM 基础上的，其工作过程为：

（1）几何造型。几何造型就是利用图形交互式自动编程软件的 CAD 功能，即构建图形、编辑修改、曲线曲面造型和实体造型等功能，将零件被加工部位的几何图形准确地绘制在计算机屏幕上，同时在计算机内自动形成零件图形的数据文件，作为下一步刀具轨迹计算的依据。自动编程过程中，软件将根据加工要求提取这些数据，进行分析判断和必要的数学处理，以形成加工的刀具位置数据。

（2）刀具路径的生成。图形交互式自动编程的刀具路径的生成是面向屏幕上的图形交互进行的。首先，从几何图形文件库中获取已绘制的零件几何造型后，应根据所加工零件的形面特征和加工要求，正确选用刀具路径主菜单下的有关加工方式菜单，根据屏幕提示，输入刀具路径文件名，用光标选择相应的图形目标，输入所需的各种参数。软件将自动从图形文件中提取编程所需的信息，进行分析判断，计算节点数据，并将其转换为刀具位置数据，存入指定的刀位文件中，同时可进行刀具路径模拟和加工过程动态模拟，在屏幕上显示出刀具轨迹图形。

（3）后置处理。后置处理的目的是形成数控加工文件。由于各种数控机床使用的控制系统不同，其编程指令代码及格式也有所不同，为此应从后置处理程序文件中选取与所要加工机床的数控系统相适应的后置处理程序，再进行后置处理，才能生成符合数控加工格式要求的 NC 加工程序。

9.1.2 自动编程系统简介

最早研究数控自动编程技术的国家是美国。1952 年,美国麻省理工学院林肯实验室研制成功第一台数控铣床。为了充分发挥铣床的加工能力,解决复杂零件的加工问题,麻省理工学院伺服机构研究室随即着手研究数控自动编程技术,1955 年公布了该研究成果,即用于机械零件数控加工的自动编程语言 APT(Automatically Programmed Tools)。1958 年,美国航空空间协会组织了 10 多家航空工厂,在麻省理工学院协助下进一步发展 APT 系统,产生了 APTⅡ,可用于平面曲线的自动编程问题。1962 年,又发展成 APTⅢ,可用于 3~5 坐标立体曲面的自动编程。其后美国航空空间协会继续对 APT 进行改进,1970 年发表了 APTⅣ,可处理自由曲面的自动编程。为突出发展空间曲面(也称雕塑曲面)的编程技术,ALRP 与 CAM-Ⅰ两家联合开发出以 APTⅣ为基础的 SSX1。到 20 世纪 80 年代空间曲面编程发展到 APTⅣ-SSX7,在一些单位得到了应用。

美国除了开发大而全的 APT 系统之外,还开发了 ADAPT、AUTOSPOT 等小型系统。APT 系统配有多种后置处理程序,通用性好,可靠性高(可自动诊错),是一种应用广泛的数控编程软件,能够适应多坐标数控机床加工曲线曲面的需要。

随后世界上许多先进工业国家也都开展了自动编程技术的研究工作,并开发出自己的数控编程语言,但大多是参考 APT 语言的设计思想,根据不同需要研究出了许多各具特色的自动编程系统。其中,英国开发了 2C、2CL、2PC 系统,德国开发了 EXATP1~EXATP3、MIMIAPT 系统,法国开发了 IFAPT、SURFAPT 系统,日本有 HAPT、FAPT 系统,意大利的 MODAPT 系统等。

我国对自动编程技术的研究开始于 20 世纪 60 年代中期,起步虽晚,但发展很快。20 世纪 70 年代研制出了 SKC、ZCX、ZBC-1、CKY 等用于平面轮廓铣削加工、车削加工等功能的自动编程系统。20 世纪 80 年代以来,一些高等院校和研究所开发了许多新系统,如南京理工大学开发的 EAPT 自动编程系统、上海机床研究所研制的 MAPL 自动编程系统等。

9.1.3 典型的 CAD/CAM 软件介绍

1. 美国 CNC software 公司的 MasterCAM 软件

MasterCAM 软件是在微机档次上开发的,在使用线框造型方面较有代表性,而且它又是侧重于数控加工方面的软件,这样的软件在数控加工领域内占重要地位,有较高的推广价值。

MasterCAM 的主要功能是:二维、三维图形设计、编辑;三维复杂曲面设计;自动尺寸标注、修改;各种外设驱动;5 种字体的字符输入;可直接调用 AutoCAD、CADKEY、SURFCAM 等;设有多种零件库、图形库、刀具库;2~5 轴数控铣削加工;车削数控加工;线切割数控加工;钣金、冲压数控加工;加工时间预估和切削路径显示,过切检测及消除。可直接连接 300 多种数控机床。

2. 美国通用汽车公司 EDS 的 UG

UNIGRAPHICS(简称 UG)起源于麦道飞机公司,以 CAD/CAM 一体化而著称,可以支持不同硬件平台。UG 于 1991 年 11 月并入美国通用汽车公司 EDS,使得 UG 用户可以享受美国工业的心脏和灵魂——航空、航天及汽车工业的专业经验。该软件以世界一流的集成化设计、工程及制造系统广泛地应用于通用机械、模具、汽车及航空领域。

UG 的主要特点与功能介绍如下。

（1）UG 具有很强的二维出图功能，由模型向工程图的转换十分方便。

（2）曲面造型采用非均匀有理 B 样条作为数学基础，可用多种方法生成复杂曲面、曲面修剪和拼合、各种倒角过渡以及三角域曲面设计等。其造型能力代表着该技术的发展水平。

（3）UG 的曲面实体造型源于被称为世界模型之祖的英国剑桥大学 Shape Data Ltd，其产品（PARASOLID）已被多家软件公司采用。该项技术使得线架模型、曲面模型、实体模型融为一体。

（4）UG 率先提供了完全特征化的参数及变量几何设计（UG CONCEPT）。

（5）由于 PDA 公司以 PARASOLID 为其内核，使得 UG 与 PATRAN 的连接天衣无缝。与 ICAD、OPTIMATION、VALISYS、MOLDFLOW 等著名软件的内部接口方便可靠。

（6）由于统一的数据库，UG 实现了 CAD、CAE、CAM 各部分之间的无数据交换的自由切换，3~5 坐标联动的复杂曲面加工和镗铣，方便的加工路线模拟，生成 SIEMENS，FANUC 机床控制系统代码的通用后置处理，使真正意义上的自动加工成为现实。

（7）UG 提供可以独立远行的、面向目标的集成管理数据库系统。

（8）UG 是一个界面设计良好的二次开发工具。通过高级语言接口，使 UG 的图形功能与高级语言的计算功能很好地结合起来。

3. 美国 PTC 公司的 Pro/ENGINEER 软件

Pro/ENGINEER 是唯一的一整套机械设计自动化软件产品，它以参数化和基于特征建模的技术，提供给工程师一个革命性的方法，去实现机械设计自动化。Pro/ENGINEER 是由一个产品系列组成的。它是专门应用于机械产品从设计到制造全过程的产品系列。

Pro/ENGINEER 产品系列的参数化和基于特征的建模给工程师提供了空前容易和灵活的环境。另外 Pro/ENGINEER 的唯一的数据结构提供了所有工程项目之间的集成，使整个产品从设计到制造紧密地联系在一起，这样能使工程人员并行地开发和制造它的产品。可以很容易地评价多个设计的选择，从而使产品达到最好的设计、最快的生产和最低的造价。

Pro/ENGINEER 的主要特性。

（1）3D 实体模型。3D 实体模型除了可以将用户的设计思想以最真实的模型在计算机上表现出来之外，借助于系统参数，用户还可以随时计算出产品的体积、面积、重心、质量、惯性大小等，以了解产品的真实性，并补足传统面结构、线结构的不足。用户在产品设计过程中，可以随时掌握以上重点，设计物理参数，并减少许多人为计算时间。

（2）单一数据库。Pro/ENGINEER 可随时由 3D 实体模型产生 2D 工程图，而且自动标注工程图尺寸。不论在 3D 还是 2D 图形上做尺寸修正，其相关的 2D 图形或 3D 实体模型均自动修改，同时装配、制造等相关设计也会自动修改，这样可确保数据的正确性，并避免反复修改的耗时性。由于采用单一数据库，提供了所谓完全关联性的功能。该功能允许在开发周期的任一阶段对产品进行修改，并且能够自动消除与前后阶段产生的冲突，使得并行工程成为可能，进而缩短了产品的开发周期。

（3）特征作为设计的单位。Pro/ENGINEER 以最自然的思考方式从事设计工作，如孔、开槽、做成圆角等均被视为零件设计的基本特征，用这种方法来创建形体，整个设计过程直观、简练。用户除了充分掌握设计思想外，还在设计过程中导入实际的制造思想。也正因为以特征作为设计的单元，所以可以随时对特征做合理的，不违反几何规则的顺序调整、插入、删除、重新定义等修正动作。

（4）参数式设计。配合单一数据库，所有设计过程中所使用的尺寸都存储在数据库中，修改 CAD 模型及工程图不再是一件难事。设计者只需修改 3D 零件尺寸，则 2D 工程图、3D 装配、模具等就会依照尺寸的修改做几何形状的变化，以达到设计修改工作的一致性，避免发生人为改图的疏漏情形，且减少许多人为改图的时间和精力消耗。也因为有参数式的设计，用户才可以运用强大的数学运算方式，建立各尺寸参数间的关系式，使得模型可自动计算出应有的外形，减少尺寸一一修改的烦琐，并减少错误的发生。

4. 以色列 Cimatron 公司的 Cimatron 软件

Cimatron 软件属于 1982 年成立的以色列 Cimatron 公司，该软件具有功能齐全、操作简便、学习简单、经济实用的特点，受到小型加工企业特别是模具企业的欢迎，在我国有广泛的应用。

其在某些重要功能有其独到之处，主要 CAM 功能如下：

（1）型芯和型腔设计。能迅速将实体及曲面模型分离成型芯、型腔、滑块、嵌件；自动生成分模线并自动建立分模面。

（2）模架库设计。自动模架库设计支持国际流行的所有模架标准，也支持用户自定义的模架标准；在相关的数据库中支持主要工业标准；开放的系统标准可以在已存在的系列内增加用户自己定义的组件，MoldBase3D 可处理曲面和实体几何模型间的缝隙。

（3）数控加工。在 CAM 环境下可修正实体及曲面模型；2～5 轴轮廓铣削；3～5 轴面向实体与曲面模型的粗加工、半精加工和精加工；为通用的零件加工提供预定义的加工模板和加工方法；全面的干涉检查；仿真和校验模拟加工的过程；高速铣削功能；支持 NURBS 插补功能。

5. 北航海尔软件公司的 CAXA ME 软件

CAXA ME 软件是我国北京北航海尔软件有限公司开发的一款 CAD/CAM 软件，作为国产 CAD/CAM 软件的代表，其高效易学，为数控加工行业提供了从造型、设计到加工代码生成、加工仿真、代码校验等一体化的解决方案。

CAXA ME 的主要 CAM 功能如下：

（1）2～5 轴铣削加工：提供轮廓、区域、三轴、四轴和五轴加工功能。

（2）支持车削加工：具有轮廓粗车、精车、切槽、钻中心孔、车螺纹等功能；可以用参数修改功能对轨迹的各种参数进行修改，以生成新的加工轨迹。

（3）线切割加工：具有快、慢走丝切割功能，可输出 3B 或 G 代码的后置格式。

其他常用的自动编程软件还有法国 DASAL 公司的 CATIA 软件、美国 Solidworks 公司的 Solidworks 软件等。

9.2 MasterCAM 的特点与功能

MasterCAM 包括 Design（设计）、Mill（铣削）、Lathe（车削）、Wire（线切割）四大功能模块，是一套基于 PC 开发平台的 CAD/CAM 软件，具有操作灵活、易学易用、性价比高的特点，能使企业很快见到效益。MasterCAM 由于其价格相对较低，又是在 PC 平台下应用，硬件投入小，所以有着巨大的发展潜力。

本节以 MasterCAM 9.1 为基础作简要介绍。

9.2.1　MasterCAM 基础知识

MasterCAM 的主窗口和标准的 Windows 窗口一样，也包含主菜单、工具栏、提示区、主工作区等基本元素，但 MasterCAM 采用的是级联菜单，操作方便。安排了辅助菜单、鼠标当前位置显示以及菜单操作按钮等，非常适合 CAD/CAM 软件的操作。

1. MasterCAM 9.1 的界面

MasterCAM 9.1 的主界面如图 9.2 所示。

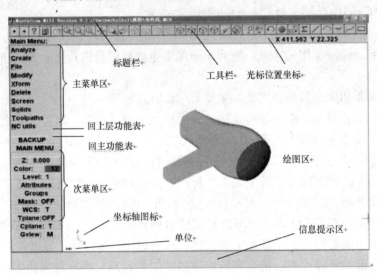

图 9.2　MasterCAM 9.1 的主界面

（1）主菜单功能。主功能菜单区在 MasterCAM 9.1 操作界面的左上部，它包含了 MasterCAM 软件的主要功能，这些功能可以有多级子菜单或对话框，如图 9.3 所示。

Analyze（分析）：显示绘图区已选择的图素所相关的信息

Create（绘图）：在屏幕上绘图区绘制图形至系统的数据库

File（档案）：处理文档（储存、取出、编辑、打印等）

Modify（修整）：用指令修改屏幕上的图形，如倒圆角、修剪、打断、连接等

Xform（转换）：用镜像、旋转、比例、平移、偏置等指令转换屏幕上的图形

Delete（删除）：从屏幕上和系统数据库中删除图形

Screen（屏幕）：改变屏幕上显示的图形

Solids（实体模型）：用挤压、旋转、扫描、举升、倒圆角、外壳、修剪等方法绘制实体模型

Toolpaths（刀具路径）：进入刀具路径菜单，设置刀具路径选项

NC utils（公共管理）：进入公共管理菜单，编辑、管理和检查刀具路径

图 9.3　MasterCAM 9.1 的主菜单

（2）次菜单功能。次功能菜单区在 MasterCAM 9.1 操作界面的左下部，用于设置当前构图深度、颜色、层、线型、群组管理、限定层别、工作坐标系、刀具和构图平面以及图形视角等，如图 9.4 所示。

（3）工具栏。同其他软件的工具栏一样，MasterCAM 9.1 的工具栏以图标按钮的形式提供给操作者大部分常用的操作命令，这些命令可以在相应的菜单命令中找到。

Z: 0.000	Z：0.000（工作深度）：用于设置所绘制的图形所处的三维深度
Color: 10	Color：10（颜色设置）：选取该按钮能用不同的颜色绘制图形
Level: 1	Level：1（层别设置）：图层的设置提供了图层管理的方法
Attributes	Attributes（属性设置）：将常用的物体属性选项集中起来进行设置
Groups	Groups（群组管理）：将某些属性相同的几何对象设置在同一群组中，以方便对这些对象进行编辑、修改和删除等操作
Mask: OFF	Mask：OFF（限制层别）：单击次菜单区的该选项后，弹出"Level Manager"（图层管理）对话框
WCS: T	WCS：T（工作坐标系设置）：设置构图面时所建立的坐标系
Tplane:OFF	Tplane：OFF（刀具平面）：为刀具工作的表面，通常为垂直于刀具轴线的平面
Cplane: T	Cplane：T（构图面设置）：设置用户当前要使用的绘图平面，与工作坐标系平行
Gview: T	Gview：T（图形视角）：通过该选项的设置来观察三维图形在某一视角的投影视图

图 9.4 MasterCAM 9.1 的次菜单

2. MasterCAM 9.1 的基本操作

（1）文档管理。图 9.5 为主菜单的 File（文件）菜单选项，包括对文件的全部操作，它可以直接读入 UG、PRO/E、CATIA、AutoCAD 等常用 CAD/CAM 软件格式的文件，同时提供通用数据转换格式的数据转换。

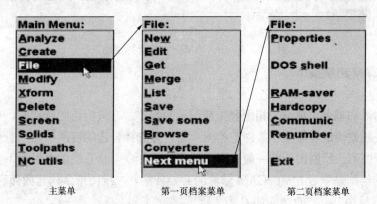

主菜单　　　　　　　第一页档案菜单　　　　　　第二页档案菜单

图 9.5 MasterCAM 9.1 的文件菜单

文件菜单的功能如表 9.1 所示。

表 9.1　　　　　　　　　　　　MasterCAM 9.1 的文件菜单命令

菜单命令	意 义	功 能
New	新 建	建立一个新的文件
Edit	编 辑	打开一个文件进行编辑，或指定一种编辑器
Get	取出文档	取出一个文件，文件取出后变成当前工作文件
Merge	合并文档	调入另一个文件来合并到当前工作文件
List	列表文档	指定文档内容在一个简单窗口列表显示

续表

菜单命令	意　义	功　能
Save	存储文档	保存当前工作的图形文件
Save some	存储部分	用于保存屏幕上的部分图素
Browse	浏览文档	用类似幻灯片的方式将指定文件夹下的文件图形在工作区显示
Converters	转换文档	读取其他类型文件并转换成 MasterCAM 9.1 文件格式，或者 MasterCAM 9.1 文件类型转换成其他的文件格式

（2）图素选择方法。在 MasterCAM 9.1 的绘图操作中，选择图素也是一个使用频率很高的操作，要对对象进行编辑、变换、删除以及绘制曲面和实体时对象的选择、在加工中对象的选择，MasterCAM 系统提供了很多选择方法。选择菜单如图 9.6 所示。

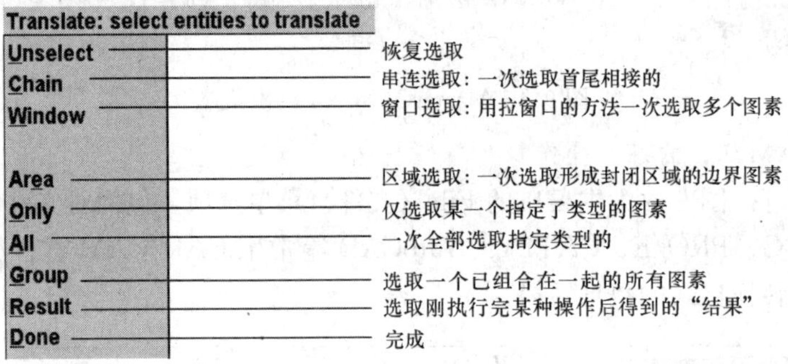

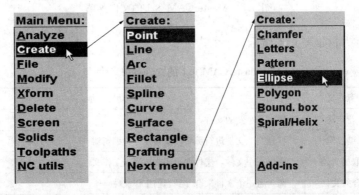

图 9.6　MasterCAM 9.1 的选择菜单

9.2.2　MasterCAM 建模操作

1. 绘图操作

通过绘图命令和辅助菜单命令相配合生成图形的操作。在进行绘图操作时，首先要利用工具栏中的命令按钮或辅助功能菜单来确定构图平面，并选择合适的视图平面来观察，然后通过绘图命令来绘制图形。绘制图形的一般过程是单击绘图命令，状态栏就会提示下一步操作。

二维图形的绘制是学习 MasterCAM 软件的必要技能，二维图形是构建曲面和实体的基础。绘图菜单（见图 9.7）的功能如表 9.2 所示。

图 9.7　MasterCAM 9.1 的绘图菜单

表 9.2   **MasterCAM 9.1 的绘图菜单**

菜单命令	意　义	功　　　能
Point	点	以各种方式创建点
Line	直线	创建各种类型的直线
Arc	圆弧	创建圆弧或圆
Fillet	倒圆角	按照要求倒圆角
Spline	样条曲线	创建样条曲线
Curve	曲面曲线	创建曲面曲线
Surface	曲面	创建各种类型曲面
Rectangle	矩形	创建矩形
Drafting	尺寸标注	标注尺寸
Chamfer	倒角	按照要求倒角
Letters	文字	创建文字
Pattern	样板	创建样板
Ellipse	椭圆	创建椭圆
Polygon	多边形	创建正多边形
Bound. box	边界盒	创建边界盒
Spiral/Helix	盘形/螺旋线	创建盘形螺旋线或螺旋线
Add-ins	附加	打开附加菜单

2. 编辑命令

MasterCAM 的编辑命令包括 Delete（删除）、Modify（修整）和 Xform（转换）命令，编辑命令主要是用来对已经存在的图形进行编辑和变换，使图形达到指定的要求。如图 9.8 所示。

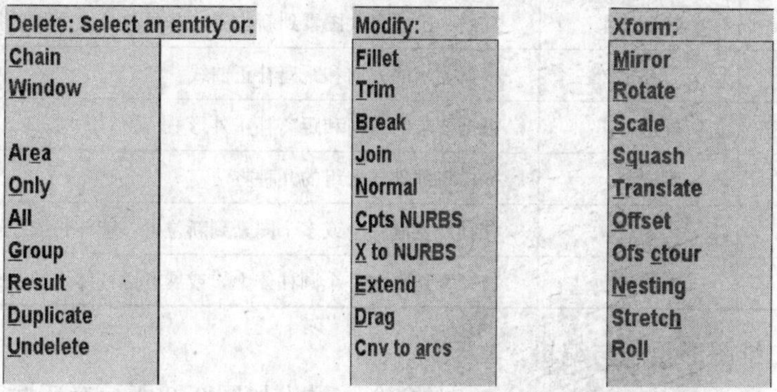

Delete: Select an entity or:	Modify:	Xform:
Chain	Fillet	Mirror
Window	Trim	Rotate
	Break	Scale
Area	Join	Squash
Only	Normal	Translate
All	Cpts NURBS	Offset
Group	X to NURBS	Ofs ctour
Result	Extend	Nesting
Duplicate	Drag	Stretch
Undelete	Cnv to arcs	Roll

图 9.8　MasterCAM 9.1 的删除菜单、修整菜单和转换菜单

Modify 修整功能用于修整已经绘出的图素，操作时可按键盘上的 F7 或主功能菜单的 Modify（修整）选项。

Modify 修整菜单的功能如表 9.3 所示。

表 9.3   **MasterCAM 9.1 的 Modify 修整菜单**

菜单命令	意　义	功　　能
Fillet	倒圆角	按照要求倒圆角
Trim	修剪	修剪曲线或延伸到交点
Break	打断	打断曲线成多段
Join	连接	将两共线的图素连成一个
Normal	法向	检查和改变曲面法向
Cpts NURBS	曲线控制点	修剪被选控制点的位置和重量
X to NURBS	圆弧变曲线	将线、圆弧、样条曲线转变成 nurbs 曲线
Extend	延伸	延伸直线、圆弧、聚合线和曲面
Drag	拖动	在图形区使用平移、旋转、拉伸、快速和动态移动图素
Cnv to arcs	样条变圆弧	转换环形样条曲线成圆弧

　　Xform 转换功能用于将已经绘制的图形进行位置、大小、方向偏置等变换，生成新的图素，操作时在主功能菜单选择 Xform（转换）选项。

　　Xform 转换菜单的功能如表 9.4 所示。

表 9.4   **MasterCAM 9.1 的 Xform 转换菜单**

菜单命令	意　义	功　　能
Mirror	镜像	定义对称轴线，创建图素图像
Rotate	旋转	移动图素或者绕点复制一个或多个图素
Scale	比例缩放	按一定比例系数缩放图素
Squash	挤压	将三维空间图素压扁成平的二维图素
Translate	平移	复制一次或多次图素到新位置，并可改变大小和形状
Offect	补正	根据要求的方向和距离补正曲线
Ofs ctour	外形补正	根据要求的方向和距离补正外形
Nesting	嵌套	提供将部件加入组的几种方法
Stretch	伸展	移动或复制一个或多个图素到新位置，能伸长或缩短被选线
Roll	滚动	将图素包裹在一个圆柱体上，或展开圆柱体上的图素

　　例 9-1　二维图形绘制与编辑。

　　(1) 选择 Create｜Rectangle｜Options 命令，弹出如图 9.9 所示对话框，设置"Rectangular Shape"为"Double D"，单击 OK 按钮。

　　(2) 选择"1 point"方式绘制矩形，输入"Width"为 120 和"Height"为 60，如图 9.10 所示，选择 Origin（原点）放置，如图 9.11 所示。

　　(3) 选择 Create｜Arc｜Circ pt＋rad 命令，输入半径 12，按回车键，分别输入"0，0，0"、"30，0，0"、"−30，0，0"三个圆心点，得到如图 9.12 所示三个圆。

（4）选择 Create｜Line｜Horizontal 命令，捕捉左侧圆上四等分位点绘制一条水平线，同样方式绘制其他三条水平线，如图 9.13 所示。

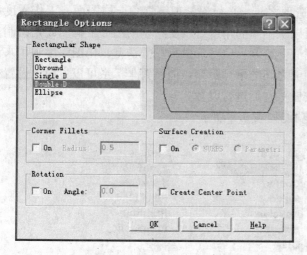

图 9.9　矩形选项对话框

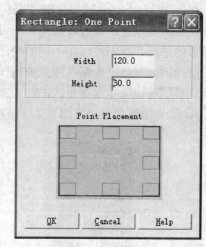

图 9.10　矩形绘制对话框

图 9.11　矩形绘制

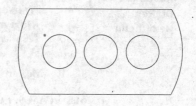

图 9.12　圆绘制

（5）选择 Modify｜Trim｜1 entity 命令，拾取被修剪的线条需要保留的地方，再拾取修剪边界进行修剪，修剪掉直线与圆弧多余的部分，如图 9.14 所示。

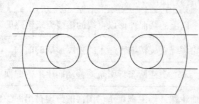

图 9.13　绘制直线

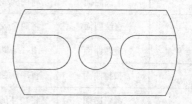

图 9.14　执行修建操作

（6）选择 Modify｜Trim｜Divide 命令，拾取被修剪的侧面圆弧，再拾取两直线作为第一和第二边界进行修剪，修剪后如图 9.15 所示。

（7）选择 File｜Save 命令，保存为文件"9.1.MC9"。

3. 曲面操作

MasterCAM 9.1 可以创建多种曲面，可以广泛地应用与复杂外形工件的建模。

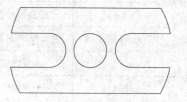

图 9.15　完成图形

曲面一般由相关的曲面命令对三维或二维基本图形以及实体、存在曲面、线框等进行相关操作而产生，在产生过程中，基本图形的位置、大小都会对操作产生影响，不合适的图形甚至不能产生要求的曲面。同样在操作过程中，用户选择图形的顺序和位置也会影响曲面的生成不合适的选择方法也可能导致不能生成曲面。

在运用 MasterCAM 9.1 构建三维造型之前，必须深刻理解视角、构图面、工作深度和坐标系等基本概念。通过设置视角，可以从不同的角度观察所绘制的图形，构图面是绘制二维图形的平面，我们可以在不同的构图面上绘制一些图形进行三维造型。构图深度则用来设置当前构图面与经过坐标系原点的构图面之间的平行距离，而设置坐标系可以方便地设置构图面，我们可以运用次菜单区的相应按钮对它们进行设置。

Surface 曲面菜单（见图 9.16）的功能如表 9.5 所示。

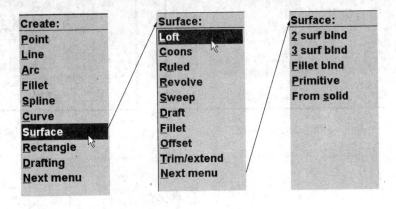

图 9.16　MasterCAM 9.1 的曲面菜单

表 9.5　　　　　　　　　　MasterCAM 9.1 的 Surface 曲面菜单

菜单命令	意　义	功　　能
Loft	举升曲面	将选取的两条曲线或多条曲线用光滑方式创建的一个平滑的曲面
Coons	昆氏曲面	利用曲线栅格构建曲面
Ruled	直纹曲面	将两个或两个以上的截面外形以直线的熔接方式构建的一个曲面
Revolve	旋转曲面	由一个断面轮廓绕着旋转轴转一定的角度形成的曲面
Sweep	扫掠曲面	将串联曲线沿着一个或两个导引轨迹移动而生成的曲面
Draft	牵引曲面	将物体的断面轮廓外形沿垂直于构图面的方向挤出而生成的曲面
Fillet	曲面倒圆角	所选取的两组曲面通过圆角进行过渡
Offset	曲面补正	将所选取的曲面沿着其法线方向偏移指定的距离
Trim/extend	曲面修整/延伸	对一个或多个曲面进行修整、恢复修整和延伸
2 surf blnd	二曲面熔接	在待熔接的两个曲面的选定位置构建一个熔接曲面
3 surf blnd	三曲面熔接	在三个曲面选定的位置之间构建一个与三个曲面都相切的熔接曲面
Fillet blnd	倒圆角曲面熔接	将三个相交的曲面用一个或多个曲面光滑连接
Primitive	实体曲面	创建圆柱、圆锥、立方体、球、圆环、挤出等基本实体曲面
From solid	由实体产生	利用已有实体产生曲面

例9-2 三维曲面造型。

（1）绘制如图9.17所示三维线框。

（2）更改绘图图层为"2"，选择 Create | Surface | Loft 命令，依次选择如图9.18箭头所示边和上部顶点，选择"Done"，选择"Do it"，完成五角星一个角一侧曲面的绘制，同样的方式绘制另一侧，如图9.19所示。

（3）选择 Xform | Rotate 命令，选取步骤2产生的两曲面，选择"Done"，选择 Origin（原点）作为旋转中心，弹出图9.20对话框，设置"Opration"为"Copy"、"Number of steps"为"4"、"Rotation angle"为"72"，完成，如图9.21所示。

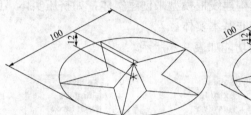

图9.17 三维线框

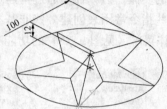

图9.18 选择举升曲面串联图

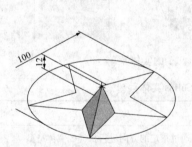

图9.19 举升曲面

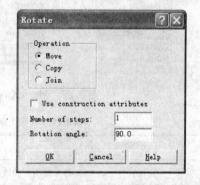

图9.20 旋转对话框

（4）选择 Create | Surface | Trim/extend | Flat bndy 命令，拾取 φ100 圆周，选择"Done"，选择"Do it"，完成底面的绘制，如图9.22所示。

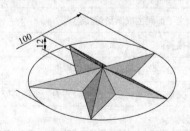

图9.21 旋转结果

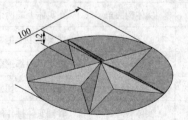

图9.22 平面修整

（5）选择 File | Save 命令，保存为文件"9.2.MC9"。

4. 实体操作

实体操作过程是通过选择实体操作命令，根据系统提示选择基础图形或实体，在确定必需的参数后，产生实体。

　　实体是一个封闭的实心物体，可以很方便地实现线架和曲面的某些难以实现的功能，如布尔加减、倒圆角等。实体像一块黏土，可以很方便地实现挖空、抽壳、变形、参数化等特定的功能。但是实体造型也有它难以解决的问题，即构建雕塑性的复杂表面，如动物的面部等。这就有赖于结合实体和曲面的造型特点，灵活地将其优点结合起来，如利用曲面去切割实体以得到需要的表面。

　　实体模型具有一般实体的基本属性，如质量、重心等，可以作为加工对象进行模拟加工。在 MasterCAM 9.1 系统中，系统提供了强大的实体造型功能，并通过两种途径来实现：一种是基本实体造型指令，如创建圆柱体、圆锥体、立方体等，这些指令主要用来创建一些比较规则的实体；另一种是通过构建线框模型来创建实体，如挤压实体、旋转实体、扫描实体等，这些指令常用来创建一些非基本实体。

　　Solids 实体菜单（见图 9.23）的功能如表 9.6 所示。

图 9.23　MasterCAM 9.1 的实体菜单

表 9.6　　　　　　　　　　　MasterCAM 9.1 的 Solids 实体菜单

菜单命令	意　义	功　　能
Extrude	挤出实体	将二维闭合曲线链通过指定的方向进行拉伸的实体造型
Revolve	旋转实体	将二维平面曲线链绕着轴线以指定的角度进行旋转的实体造型
Sweep	扫掠实体	将若干封闭的、共平面的串联外形沿着一串路径扫描而生成实体
Loft	举升实体	将多个闭合的平面链通过直线或曲线过渡的方式构建的实体
Fillet	实体倒圆角	在实体上的两个相交平面间生成圆形熔接边界
Chamfer	实体倒角	在实体边上生成熔接斜面
Shell	实体抽壳	将实体内部挖空，并给各实体面赋以一指定厚度
Boolean	布林运算	通过结合、切割、交集的方法将多个实体合并为一个实体
Solid mgr	实体管理器	管理实体操作的工具
Primitives	基本实体	创建圆柱、圆锥、立方体、球、圆环等基本实体
Draft faces	牵引面	将实体某表面沿着一定角度和方向倾斜至新的位置从而生成新的实体
Trim	修剪实体	通过选取一平面、曲面或开放的薄片实体来修整实体
Layout	绘制三视图	从实体直接画出标准三视图

续表

菜单命令	意 义	功 能
Find feature	寻找特征	寻找基于"主体"的实体的某些特征
From surfaces	由曲面产生	通过"缝合"几个曲面从而将其创建为实体
Thicken	加厚薄片实体	用于加厚非封闭薄片实体并将其转换成封闭实体
Remove faces	移除面	删除绘图区中某实体上的指定表面并将剩余部分创建成一个薄片实体

例9-3 实体造型。

（1）打开例9-2保存的文件"9.2.MC9"。

（2）更改绘图图层为"3"，选择 Solids | Extrude 命令，拾取 ϕ100 圆周，"Done"，确认方向向下，"Done"，弹出图9.24对话框，设置"Extend by specified distance"为"40"，完成，如图9.25所示。

（3）选择 File | Save 命令，保存为文件"9.3.MC9"。

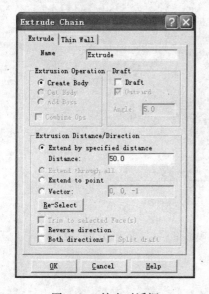

图9.24　挤出对话框

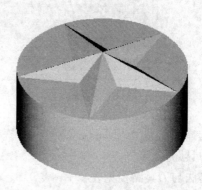

图9.25　挤出结果

9.2.3　MasterCAM 刀具路径与操作管理

自动加工编程就是将 CAD 模型通过适当的刀具路径的铺设和适当的处理后转换为各种 CNC 机床所能接受的代码，再由机床控制器接受该种代码，自动控制数控机床加工出符合要求的产品。

后置处理（POST）将 NCI 文件转换为 CNC 控制器可以解读的 NC 代码。通过上述步骤生成 NC 代码后，MasterCAM 9.1 系统可通过计算机的串口或并口与数控机床连接，将生成的数控加工代码由系统自带的 Communications（通信）功能传输到数控机床，也可通过专用传输软件将数控加工代码传输给数控软件。

MasterCAM 9.1 系统的相关性是指刀具路径、刀具参数、刀具材料、加工参数联系工件的几何模型构建一个完整的操作程序。若操作程序的任何部分改变，另一个相关部分可重新生成，不需要重新构建全部操作程序，即可重新生成 NCI 文件，并将所有的这些资料存储在一个

mc9 文件中，为工件模型及加工参数修改后重新生成 NCI 文件提供了便利。相关性的刀具路径功能，用于曲面加工、外形铣削、钻孔和挖槽等。刀具管理（Tool manager）、操作管理（Operations manager）、定义刀具（Define tool）、串联管理（Chain manager）、刀具参数（Tool parameters）、工件设置（Job setup）功能在所有相关的刀具路径中是公用的。

刀具路径产生过程如下。

（1）设置工件。设置工件对话框如图 9.26 所示。

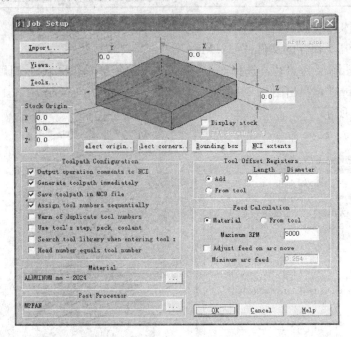

图 9.26　设置工件对话框

（2）选择加工类型。MasterCAM 9.1 铣削模块的刀具路径分为二维平面、三维曲面和多轴加工刀具路径。

加工方法与刀具路径见表 9.7～表 9.9。

表 9.7　　　　　　　　　　MasterCAM 9.1 的 2D 加工刀具路径

刀具路径	意　义	功　　能
Contour	外形铣削加工	沿着由串联曲线所定义的外形轮廓线生成铣削加工路径
Pocket	挖槽加工	移除封闭区域里的材料，其定义方式由外轮廓与岛屿组成
Drill	钻孔加工	可以产生钻孔、镗孔和攻螺纹的刀具路径
Face	面铣削加工	快速地切除工件顶面上的毛坯

表 9.8　　　　　　　　　　MasterCAM 9.1 的曲面粗加工刀具路径

刀具路径	意　义	功　　能
Parallel	平行铣削	沿着某一特定角度生成一组相互平行的粗加工刀具路径
Radial	放射状加工	生成放射状的粗加工刀具路径
Project	投影加工	将已有的刀具路径或几何图形投影到选择的曲面上生成的粗加工刀具路径

续表

刀具路径	意义	功能
Flowline	曲面流线	沿曲面的流线方向生成粗加工刀具路径
Contour	等高外形	沿曲面的等高线（外形）生成粗加工刀具路径
Restmill	残料加工	用于生成清除前面粗加工未切削或因刀具直径较大而不能切削到的残留材料的粗加工刀具路径
Pocket	挖槽加工	依据曲面形态沿 Z 方向下降生成的粗加工刀具路径
Plunge	钻削式加工	切削所有位于曲面与凹槽边界材料生成的粗加工刀具路径

表 9.9   **MasterCAM 9.1 的曲面精加工刀具路径**

刀具路径	意义	功能
Parallel	平行铣削	沿着某一特定角度生成一组相互平行的精加工刀具路径
Par. Steep	陡斜面加工	生成用于清除曲面斜坡上残留材料的精加工刀具路径
Radial	放射状加工	生成放射状的精加工刀具路径
Project	投影加工	将已有的刀具路径或几何图形投影到选择的曲面上生成的精加工刀具路径
Flowline	曲面流线	沿曲面的流线方向生成精加工刀具路径
Contour	等高外形	沿曲面的等高线（外形）生成精加工刀具路径
Shallow	浅平面加工	用于生成清除曲面浅平面部分残留材料的精加工刀具路径
Pencil	交线清角	用于生成清除曲面间的交角部分残留材料的精加工刀具路径
Leftover	清除残料	用于清除因采用大尺寸刀具或加工方式选择不当而遗留下来未切削的残留材料
Scallop	环绕等距	按照加工曲面的轮廓生成环绕工件曲面而且等距的刀具路径

（3）选择加工刀具，定义刀具，设置刀具参数见图 9.27～图 9.29。

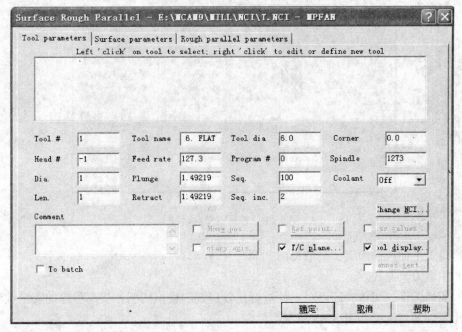

图 9.27 刀具参数设定

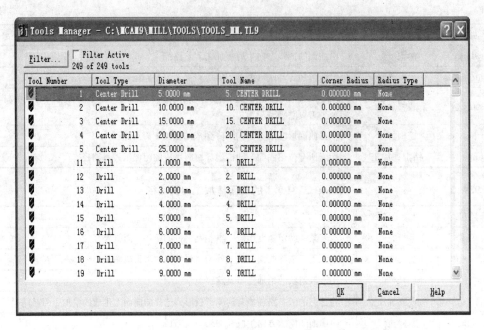

图 9.28　刀具管理器对话框

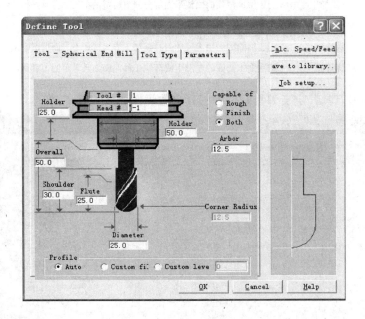

图 9.29　刀具定义对话框

（4）设置平面或曲面加工参数见图 9.30～图 9.32。

（5）生成刀具路径。

（6）实体验证。实体验证可对工件进行比较逼真的模拟切削，提高程序的安全性和合理性。操作管理器对话框如图 9.33 所示。

（7）后置处理。后置处理对话框如图 9.34 所示。

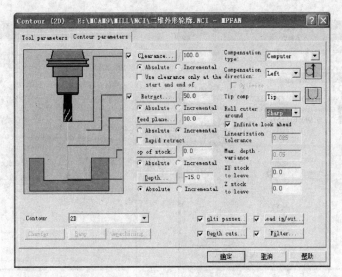

图 9.30　外形加工参数选项卡

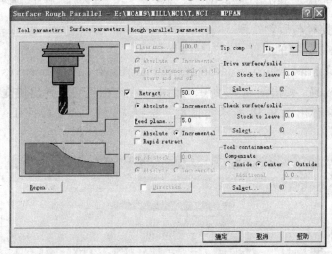

图 9.31　曲面参数选项卡

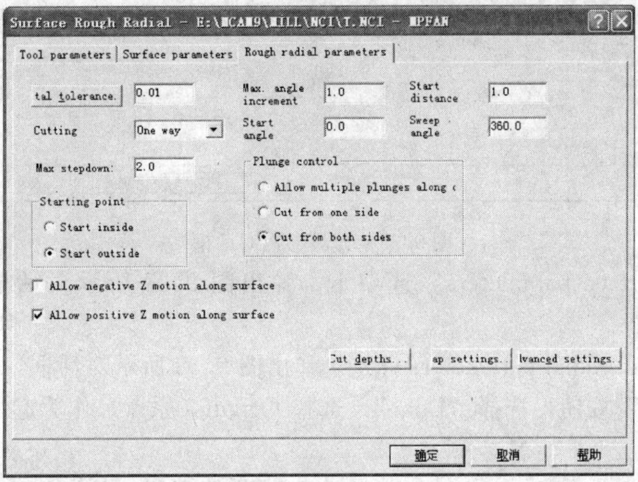

图 9.32　放射状加工选项卡

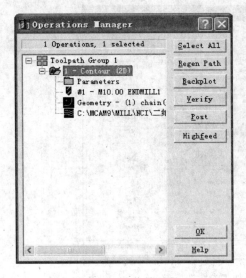

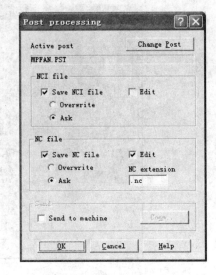

图 9.33　操作管理器　　　　　　　　图 9.34　后置处理对话框

例 9-4　刀具路径与后置处理。

（1）打开例 9-3 保存的文件"9.3.MC9"。

（2）选择 Toolpaths | Surface | Rough | Radial | Boss | All | Surfaces 命令，所有曲面被选中，选择"Done"，弹出图 9.35 所示对话框，在空白处右击弹出快捷菜单，选择"Get tool from library"，弹出图 9.36 所示对话框，选择 $\phi6$ 的"BULL ENDMILL 1.RAD"刀具，设置刀具参数。

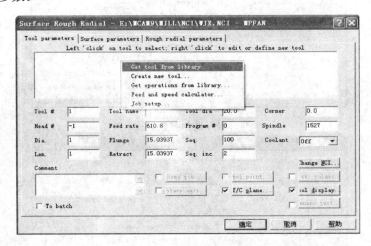

图 9.35　刀具参数对话框

（3）单击"Surface parameters"选项卡，弹出图 9.37 所示对话框，设置曲面加工参数。

（4）单击 Rough radial parameters 标签，弹出图 9.38 所示对话框，设置放射状粗加工参数。单击"确定"按钮，选择"Done"，选择 Origin（原点）作为起始点，产生图 9.39所示刀具路径。

（5）选择 Toolpaths | Operations 命令，打开操作管理器，单击 Verify，弹出"Verify"

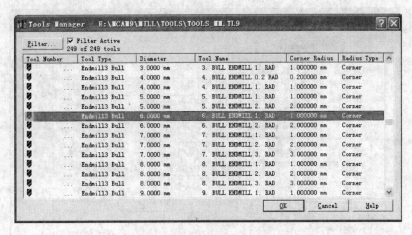

图 9.36　刀具管理对话框

工具条，选择 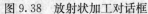 按钮，弹出图 9.40 所示对话框，设置 "Shape" 为 "Cylinder"、"Cylin-
der diameter" 为 "100"，单击 OK 按钮完成毛坯设置，单击 ▶ 按钮进行验证。

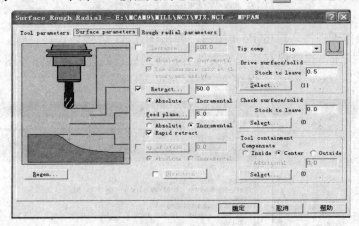

图 9.37　曲面加工对话框

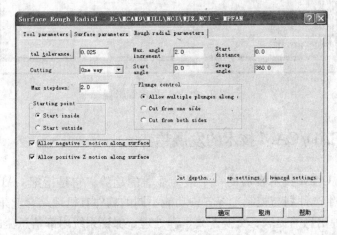

图 9.38　放射状加工对话框

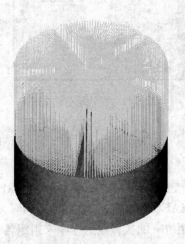

图 9.39　刀具路径

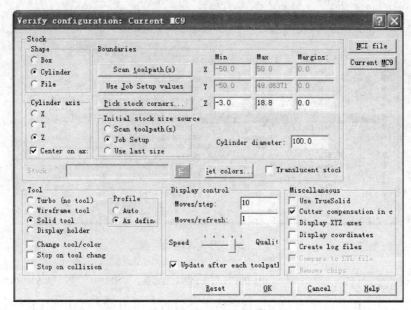

图 9.40　实体验证参数设定对话框

（6）返回操作管理器，单击 Post 按钮，弹出图 9.41 后置处理对话框，选中"Save NC file"，单击 OK 按钮，选择保存路径与文件名，得到后置处理程序清单如图 9.42 所示。

（7）选择 File | Save 命令，保存为文件"9.4. MC9"。

图 9.41　后处理对话框

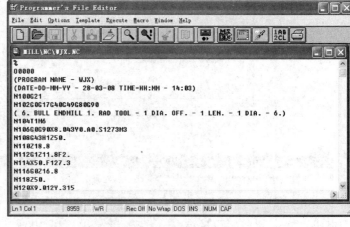

图 9.42　NC 程序编辑器

9.3　CAD/CAM 技术的发展趋势

（1）集成化。集成化是 CAD/CAM 技术发展的一个最为显著的趋势。它是指把 CAD、CAE、CAPP、CAM 以至 PPC（生产计划与控制）等各种功能不同的软件有机地结合起来，用统一的执行控制程序来组织各种信息的提取、交换、共享和处理，保证系统内部信息流的畅通并协调各个系统有效地运行。国内外大量的经验表明，CAD 系统的效益往往不是从其本身，而是通过 CAM 和 PPC 系统体现出来；反过来，CAM 系统如果没有 CAD 系统的支持，花巨资引进的设备往往很难得到有效利用；PPC 系统如果没有 CAD 和 CAM 的支持，既得不到完整、及时和准确的数据作为计划的依据，订出的计划也较难贯彻执行，所谓的生产计划和控制将得不到实际效益。因此，人们着手将 CAD、CAE、CAPP、CAM 和 PPC 等系统有机地、统一地集成在一起，从而消除"自动化孤岛"，取得最佳的效益。

（2）网络化。21 世纪网络将全球化，制造业也将全球化，从获取需求信息，到产品分析设计、选购原辅材料和零部件、进行加工制造，直至营销，整个生产过程也将全球化。CAD/CAM 系统的网络化能使设计人员对产品方案在费用、流动时间和功能上并行处理的并行化产品设计应用系统；能提供产品、进程和整个企业性能仿真、建模和分析技术的拟实制造系统；能开发自动化系统，产生和优化工作计划和车间级控制，支持敏捷制造的制造计划和控制应用系统；对生产过程中物流，能进行管理的物料管理应用系统等。

（3）智能化。人工智能在 CAD 中的应用主要集中在知识工程的引入，发展专家 CAD 系统。专家系统具有逻辑推理和决策判断能力。它将许多实例和有关专业范围内的经验、准则结合在一起，给设计者更全面、更可靠的指导。应用这些实例和启发准则，根据设计的目标不断缩小探索的范围，使问题得到解决。

思 考 题 与 习 题

9-1　何谓自动编程？

9-2　简述图形交互式自动编程系统的工作过程。

9-3　MasterCAM 软件的特点是什么？它包含哪几个模块？

9-4　简述 MasterCAM 软件的刀具路径的产生过程。

9-5　利用 MasterCAM 软件完成如图 9.43 所示的实体造型。

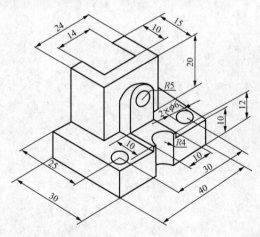

图 9.43　题 9-5 图

9-6　简述 CAD/CAM 技术的发展趋势。

参 考 文 献

[1] 高磊. 数控编程及加工技术 [M]. 北京：北京大学出版社，2006.

[2] 关雄飞. 数控机床与编程技术 [M]. 北京：清华大学出版社，2006.

[3] 陈志雄. 数控机床与数控编程技术 [M]. 北京：电子工业出版社，2007.

[4] 顾京. 数控加工编程及操作 [M]. 北京：高等教育出版社，2003.

[5] 全国数控培训网络天津分中心. 数控编程 [M]. 北京：机械工业出版社，2002.

[6] 王卫兵. MasterCAM 数控编程使用教程 [M]. 北京：清华大学出版社，2003.

[7] 娄锐. 数控机床 [M]. 大连：大连理工大学出版社，2006.

[8] 刘力健. 数控加工编程及操作 [M]. 北京：清华大学出版社，2007.

[9] 秦启书. 数控编程与操作 [M]. 西安：西安电子科技大学出版社，2006.